LING JICHU WANZHUAN ZHINENG SHOUJI

零基础玩转智能手机

邵建华　吴敏

编著

文匯出版社

图书在版编目 (CIP) 数据

零基础玩转智能手机 / 邵建华，吴敏编著 . — 上海：
文汇出版社 , 2021.6
ISBN 978-7-5496-3572-6

Ⅰ．①零… Ⅱ．①邵… ②吴… Ⅲ．①移动电话机 -
中老年读物 Ⅳ．① TN929.53-49

中国版本图书馆 CIP 数据核字 (2021) 第 099838 号

零基础玩转智能手机

著　　者 / 邵建华　吴　敏
责任编辑 / 戴　铮
装帧设计 / 天之赋设计室

出版发行 / 文匯出版社
　　　　　上海市威海路 755 号
　　　　　（邮政编码：200041）
经　　销 / 全国新华书店
印　　制 / 三河市人民印务有限公司
版　　次 / 2021 年 6 月第 1 版
印　　次 / 2021 年 7 月第 2 次印刷
开　　本 / 710×1000　1/16
字　　数 / 188 千字
印　　张 / 16

书　　号 / ISBN 978-7-5496-3572-6
定　　价 / 59.80 元

前 言

　　随着科技的不断发展，人们的生活方式也开始逐渐改变，各种科技产品已经成为我们生活中不可或缺的一部分，智能手机就是其中之一。

　　在当下这个时代，手机支付正在慢慢替代刷卡和现金；网约车占比已经慢慢超过了路边等出租车；就连证明自己行动轨迹的健康码，也因为智能手机的存在而成为特殊环境下不可或缺的"身份证"。

　　智能手机不再只是打电话、发短信联络的工具，它更像是新时代生活的一个遥控器，放弃接受智能机就等于放弃了一种更加便利的生活。更何况，你身边一定有那些"不服老"的人吧？他们的生活显然因为懂得智能手机的运用而更加多姿多彩。

　　虽然如今的智能手机看上去很复杂，但实际上操作起来特别简单直观——从它不再配备厚厚的说明书就能知道。不同型号的智能手机其实都大同小异，只要你想学，不用很久，短短几天就可以让你玩转智能手机！

　　有些中老年朋友没有使用智能手机，并非他们不想学，而是不知道跟谁学——儿女天天忙于工作，身边的同龄朋友水平也都差不多，就算有人能够告诉自己，但是因为健忘不一会儿就又忘记了。因此，有一本能够随手查阅的智能手机使用手册就显得尤为重要了。

本书就是为有这些担忧的中老年朋友量身定做，从零基础入门到玩转智能手机。

入门篇： 主要介绍不同种类手机系统的基本操作，以及手机自带工具的灵活运用和各类不同软件的下载。

进阶篇： 分软件进行详尽的介绍，包括微信、支付宝、网上购物、网约车等生活中常见、常用到的应用软件，从最基础的操作到隐藏的功能都会涉及，帮大家解决生活中常见的各种问题。

番外篇： 集中介绍各种有趣的软件应用，像年轻人一样学会制作短视频、玩转短视频，学会拍照修图，在线看电视剧、听书等，让你感受不一样的生活方式，让你的生活更加多姿多彩。

当然，这里也包括了很多中老年朋友担心的智能手机使用安全问题，本书会通过一章详细的介绍帮你避开手机安全隐患，安心享受智能手机带来的新生活！

（读者阅读本书时，部分应用程序会升级，图标显示与文中不符，使用方法不变。不同型号的手机，图标显示有所不同。）

声明：本书图片均为应用程序使用截图，图片内容不代表个人观点。

目 录

进阶篇　玩转生活中的必备软件

入门篇

智能手机的零基础操作

主要介绍不同种类手机系统的基本操作，以及手机自带工具的灵活运用和各类不同软件的下载。

第一步
手机的初始设置

1. 给新手机注册"身份证"

　　拿到新手机的那一刻，是最令人欣喜的一刻。但要注意，这部新手机现在还不完全算是你的，一定要给新手机注册上"身份证"，才能证明这部手机是你的。

　　这时，有人可能要问了，手机都在我手里了，还能是别人的不成？

　　手机拿在自己手里的时候自然没有问题，但随着智能手机的价值逐渐提高，你的智能手机遭到盗窃或者不小心丢失，如果你的手机没有"身份证"，手机里的一切资料都会遭到泄露。因此，为手机注册"身份证"是非常必要的。

　　那么，如何给手机注册"身份证"呢？

　　不同的手机系统有不同的账号作为"身份证"，要拿到这个"身份证"，需要先打开手机当中的"系统设置"（1.1.1），然后

图 1.1.1

找到"账号"选项（1.1.2），点击"注册账号"。

进入注册账号的界面后，账号一栏现在大多是用手机号注册，点击账号一栏弹出输入法后，在这一栏输入你的手机号码（1.1.3），等待你所用手机号的运营商通过短信发来验证码。点击"验证码"栏，输入收到的验证码，确定以后就到了设定密码的时候。密码栏有两个，第一个用来输入你想要设定的密码，第二个用来确定你的密码输入正确。两者输入一致后，就算是注册成功了。

图 1.1.2

图 1.1.3

成功注册了账号，你的手机才算是有了"身份证"。有了身份证，一旦你的手机被盗或者丢失，手机里的资料就不会轻易地被解锁。

2. 无网络不智能，连接网络的两种方法

智能手机最大的用处就是能连接互联网，实现各种应用功能。如果没有网络的话，只能使用一些本地功能，那么，智能手机的实用性就会大大下降。因此，联网是智能手机的灵魂，是众多功能可以实现的基础。

现在，我们就来学习一下如何连接网络。连接网络有两种方法，都非常简单，只要家里已经有设置好的无线网络，就可以轻松连接。

第一种，从手机的下拉菜单连接。手机在桌面的时候，将手指放在手机屏幕的顶端，向下滑动就可以拉下菜单。在菜单里，有 Wi-Fi 的图标（图 1.2.1），长按"Wi-Fi"图标就可以进入 Wi-Fi 菜单。先点击

图 1.2.1

图 1.2.2

"Wi-Fi"开关，使 Wi-Fi 处于打开的状态，稍等片刻就能搜索到附近有信号的 Wi-Fi 了（图 1.2.2）。

在众多 Wi-Fi 当中，找到要使用的 Wi-Fi 名称，点击就会弹出密码栏。输入 Wi-Fi 密码，点击连接，就可以顺利连上所选择的 Wi-Fi 网络了。

第二种，从系统设置当中连接。在桌面上找到系统设置或者设置选项（图 1.2.3），点击进入设置菜单。

找到 WLAN 或者 Wi-Fi 选项（图 1.2.4），点击选项进入菜单，打开开关（图 1.2.5），稍等片刻，便可如第一种一样搜索到附近有信号的 Wi-Fi 了。

图 1.2.3

图 1.2.4

图 1.2.5

在众多 Wi-Fi 当中，找到要使用的 Wi-Fi 名称，点击就会弹出密码栏，在此栏输入密码，点击连接，就可以顺利连上所选择的 Wi-Fi 网络了。

3. 看不清、听不清？设置字体大小和声音

根据每个人的听力、视力水平不同，能听见的声音、能看到的字体也是不同的。如果硬要让自己去适应手机自带的声音和字体大小，这智能手机用起来总是缺少些滋味，甚至可能有许多功能用起来很不舒服。与其默默忍受，不如学着将字体大小和声音设置到最适合自己的程度，找到最舒适的使用体验。

设置声音比设置字体相对容易，大多数智能手机在手机两侧都有控制音量的按键，只需在调整音量的时候按上键增大、按下键减小即可。更加贴心的是，智能手机可以根据需求，设置不同情况下的音量。例如，电话铃声的音量要尽量开大，这样手机在另外房间时有来电也不会错过；而看视频、听音乐时，声音就不需要那样大，可以设置较小的音量，避免打开视频、音乐时被巨大的声音吓一跳。

想要分别设置音量，要先找到"系统设置"，点击进入菜单，找到"声音与振动"选项（图 1.3.1）。点击进入下级菜单，在此菜单中可以设置自己喜欢的个性铃声和音

图 1.3.1

量（图 1.3.2）。当想要改变音量大小时，点击音量选项，进入菜单。

大多数手机的音量设置会分为铃声、媒体、通知、系统等几个类别（图 1.3.3）。

图 1.3.3

图 1.3.2

铃声，就是来电音量的大小；媒体，就是视频、音乐等音量的大小；通知，就是短信、微信或者其他软件的通知音量大小；系统，就是手机按键音或者其他触摸反馈的音量大小。拉动不同类别的下拉条，就可以分别设置音量了。

字体大小同样是在系统设置当中改变。进入系统设置后，找到"显示"菜单（图 1.3.4），打开"字体大小和样式"的选项，点击进入，就能看到其中关于字体风格和字体大小的选项了（图 1.3.5）。

在字体大小的下拉条中，有较小字符的一侧就代表了字体变小的设置，而另一侧则相反。只要按住下拉条滑动，或者是点击你想要改变的方向，就可以设置字体的大小了（图1.3.6）。

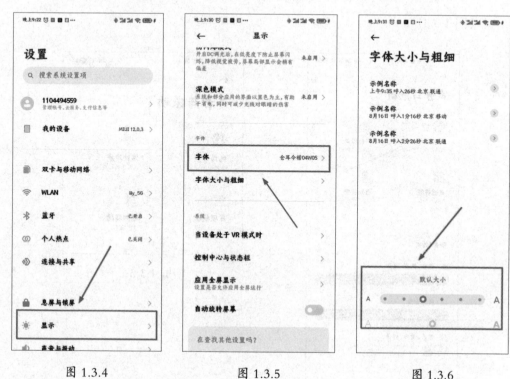

图1.3.4   图1.3.5   图1.3.6

4.基础功能，通话设置

智能手机不管有多智能，也脱离不了最基础的通话功能。虽然如今人们可以通过不同的手机软件进行语音通话、视频通话，但只需要知道对方的号码就可以通话始终是最方便的方式。

智能手机拥有手机最基础的通话功能，还有各种各样方便通话的设置。想要使用这些功能，要从手机的"电话"功能进入。

一般来说，"电话"菜单就在手机最下方的快捷栏中（图1.4.1），只要点击，就可以进入拨号界面（图1.4.2）。在此界面，输入你想要拨打的号码，点击拨通图标（图 1.4.3）就可以拨出电话了。

图 1.4.1

图 1.4.2

图 1.4.3

在拨号界面的右上角，一般会有两个图标，一个是放大镜，一个是三个小点。点击放大镜会呼出搜索界面和输入法，在搜索栏里输入你想要联系的人，就会出现对方的号码（图 1.4.4）。点击三个小点式样的图标会出现一个菜单（图 1.4.5），其中的"设置"选项，就是我们要进行的通话设置了。

通话设置菜单中常用的功能有"来电阻止""录制通话""骚扰拦截"等（图 1.4.6）。"骚扰拦截"，顾名思义，就是设置谁可以拨通你的号码，谁拨通你的号码时会被自动挂断。点击"来电阻止"，会有"黑名单""白名单"和"已阻止名单"这些常用选项。

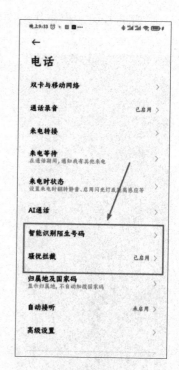

图 1.4.4   图 1.4.5   图 1.4.6

　　"黑名单"模式中，名单里的号码是会被自动挂断的（图1.4.7）。"白名单"模式中，只有名单里的号码才能被接通，其他号码会全部被挂断（图1.4.8）。"已阻止名单"，就是你所不知道的，已经被挂断的电话号码。

　　熟练使用黑白名单，能够减少生活当中的许多麻烦。

　　点击"黑名单"进入菜单，点击"添加"，某些智能手机当中用"+"来替代"添加"，其功能是相同的（图1.4.9）。在出现的菜单当中，找到你想要添加进去的号码就可以实现屏蔽。"白名单"则正相反，只有添加进去的号码才能不被屏蔽。

图 1.4.7

图 1.4.8

图 1.4.9

　　"录制通话"当中最重要的选项就是"自动录音"功能（图 1.4.10），点击选项，让其变成打开模式，你的每一次通话都会被录音存入智能手机当中。

图 1.4.10

5. 短信，没什么不同

　　短信功能是手机最基本的功能，也一度成为人们最喜欢的功能。随着时代的不断发展，各种先进的通信软件陆续问世，让通过运营商发送并按条收费的短信变得毫无性价比。但是，短信功能在众多短消息功能中仍然是最为可靠的。

　　短信息绑定了手机号码，不会像其他软件一样，忘记了自己的账号就不能使用了。接收信息的时候，也不会因为网络问题、软件服务商问题，导致在某个时间段不能接收到信息。所以，即便人们有许多更加便利的收发信息的方式，短信功能也是有存在价值的。

　　智能手机的短信功能同样是需要设置的，不过，这些设置大部分和传统的短信设置没什么不同。要设置短信功能，先要在桌面上找到"短信"图标（图 1.5.1），点击后进入菜单，选择设置（图 1.5.2）。

进入设置以后，不同的手机提供的功能也大不相同。有些厂商会将短信分成通知类短信和个人短信，但这个功能不算常见，更不常用。最经常使用的，还是设置菜单中的"拦截号码和信息"功能。

点击该条目后进入菜单，可以看见其中"黑名单""白名单"和"拦截的信息"选项（图 1.5.3）。这三项功能与通话部分的功能没有太大的区别，基本上算是通用，只要按照使用习惯、需求，将号码加入到名单当中就可以实现功能了。

图 1.5.1

图 1.5.2

图 1.5.3

6. 不懂拼音没关系，手写设置

过去，普通的手机功能较少，寻找自己要使用的功能，只需要打开菜单一项项地找过去就可以了；拨打电话号码，也只需要打开拨号界面，输入数字拨出即可；一定要进行输入功能的就是短信了，但即便不使用短信，对生活的影响也并不大。

智能手机就不同了，要在众多功能当中找到自己想要的，搜索是最简便的方式。

图 1.6.1

而许多网络功能，更是离不开汉字输入进行搜索、下载等。如果不能正确、快速地输入汉字，智能手机使用起来就格外的麻烦——手写，是解决这个问题的最佳方案。

图 1.6.2

想要将输入法改成手写，先要在屏幕上找到"系统设置"（图 1.6.1）选项，点击进入菜单。

进入菜单后，找到"通用设置"或者是在"系统和更新"中找到"语言和输入法"（图 1.6.2）的选项。

点击"语言和输入法"选项，进入菜单后，找到当前正在使用的输入法（图 1.6.3），点击"手写设置"（图 1.6.4），就可以根据输入法当中的选项将默认输入方式修改为手写（图 1.6.5）。

图 1.6.3

图 1.6.4

图 1.6.5

我们也可以在呼出输入键盘后，在输入键盘上直接修改。呼出输入键盘后，在输入键盘上找到键盘缩略图的图标（图 1.6.6），点击图标，就会弹出几项输入方式，点击手写选项即可（图 1.6.7）。

如果你所使用的输入法中，手写选项并不在键盘缩略图的功能中，你的输入法有一键切换手写模式的功能，只需要在输入键盘的图标中找到旁边带着一支笔的"T"字母图标，点击此图标，就可以直接切换到手写模式了。

图 1.6.6

图 1.6.7

7. 安全第一！设置个人隐私密码

隐私问题，永远是人们最在乎的问题，因为没有人愿意自己的一切都暴露在别人的视线内。更何况，智能手机的功能已经越来越多，支付宝、微信等这些软件当中有许多和金钱直接挂钩的功能。如果不设置好密码，就有可能被人盗取软件账户中的资金。

为了避免危险的发生，将手机设置上个人隐私密码，保证没有我们的允许，手机就不会被他人打开，这是非常必要的。

设置个人隐私密码，先要找到"系统设置"（图 1.7.1）选项，点击进入菜单。

在众多条目当中，找到"生物识别和密码"或者"锁屏与密码""息

屏与锁屏"等选项（图1.7.2），进入后选择"锁屏密码"（图1.7.3），
点击就进入锁屏菜单了。

图1.7.1

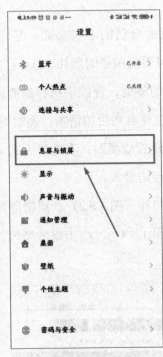

图1.7.2

图1.7.3

设置锁屏密码有好几种模式，分别是"数字密码""图案"和"混
合密码""指纹"等，可以根据自己的偏好进行选择。

数字密码，一般使用6个数字作为密码，如果用4个数字作为密码，
解锁是便捷了，但也更容易被人破解。图案，是在解锁时屏幕上会出现
9个点，按照设定的顺序滑动进行解锁的一种方式。混合密码，就是用
数字和字母组成的长密码，这种密码安全性是最好的。

为了你的手机安全，在设定密码时尽量不要使用当前的手机号码和
自己的生日，以免被人猜到。

8. 个性化设置，孩子的照片时时见

将孩子的照片设置成自己的手机桌面，是不少已经为人父母的选择，毕竟无论在什么时候看到孩子的照片，总是会发自内心的觉得温馨。

传统手机都能做到的事情，智能手机自然能做得更好——更大的屏幕，更高的分辨率，能让你看到更加清晰、美丽的照片。

想要将孩子的照片设置成桌面，有两种方式。第一种，从桌面找到相册应用（图 1.8.1），点击进入。

找到你想要设置的照片（图 1.8.2），点击照片放大（图 1.8.3），长按照片可以弹出选项（图 1.8.4），点击设为壁纸，就可以将孩子的照片设置到桌面上了。

图 1.8.1

图 1.8.2

图 1.8.3

第二种，从桌面找到"系统设置"，点击进入菜单。进入菜单后就能看到"壁纸"和"锁屏壁纸"的选项（图 1.8.5），点击"壁纸"后，进入壁纸设置界面（图 1.8.6）。

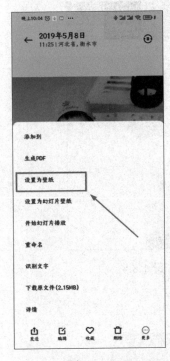

图 1.8.4

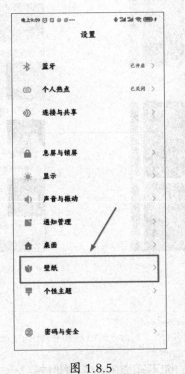

图 1.8.5

图 1.8.6

此时，可以给手机设置"息屏""锁屏""桌面"等单项壁纸，点其中一个进入，选择"本地相册"（图 1.8.7），选择你想要设置成壁纸的照片（图 1.8.8）就可以了。"锁屏壁纸"也可以通过相同的步骤，将你想要设置的照片设置到锁屏界面上。

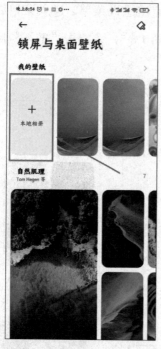

图 1.8.7

图 1.8.8

小贴示

你不知道的内置说明书

在使用智能手机的时候，难免会遇到不知道哪个功能要怎样实现的情况。如今，许多手机厂商都很贴心地在手机当中内置了说明书功能。只要在"系统设置"菜单中找到"用户手册"选项，就可以轻松地找到手机大部分软件和硬件的使用方式。

第二步
了解手机的自带应用

随着智能手机的不断发展，许多基础功能已经整合到了系统当中。学会使用这些功能，可以让你的生活更加便利。

1. 天气预报实时看，不用死守每天七点半

天气预报对于日常生活来说是非常重要的，实时掌握天气变化，第一时间增减衣物，有利于身体健康。

在过去，人们每天都会在七点半的时候守候在电视机前，以保证自己能在第一时间知道明天的天气变化。随着智能手机的普及，实时掌握天气成为一件非常便利的事情，再也不用每天七点半守在电视机前了。

使用智能手机查看天气，其实是非常简单的。许多手机厂商都将天气应用整合到了时钟里，并且放在桌面上——打开手机的第一屏，就是时间和天气。但有些时候，天气却不能正常显示，这个时候往往是因为没有设置成自己所在的城市。

当天气不能正常显示的时候，我们只要点击桌面上的"天气"图案（图 2.1.1），就能打开应用界面。

进入应用界面后，点击左上角的"+"图标（图 2.1.2），就进入了

添加城市界面。

图 2.1.1   图 2.1.2

选择"定位"或"搜索"（图 2.1.3），就可以通过卫星定位添加你所在的城市或者寻找出你希望了解天气的城市。也可以在输入栏中手动添加你所在的城市名称，获得当前所在地的天气。

找到城市后，点"+"即可将城市添加到常用天气中，随时查看（图 2.1.4）。

在手机上添加了自己所在的城市以后，还可以继续添加其他城市。都说"儿行千里母担忧"，现在外出打拼的年轻人越来越多，而父母了解孩子所在城市的天气，随时提醒孩子增减衣物也是非常自然的。

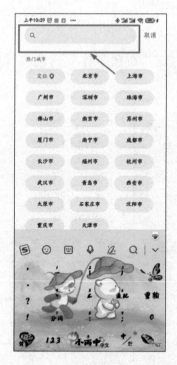

图 2.1.3

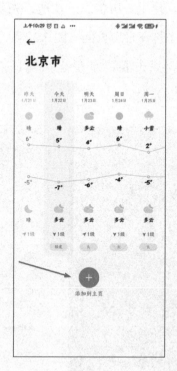

图 2.1.4

2. 使用日历备忘录，跟健忘说拜拜

记忆力减退是许多人都会遇到的问题，即便是记忆力没有出现问题，当前社会的快节奏生活也经常让人们顾此失彼。想要万无一失，保证自己记得每件事情，如亲友的生日、重要纪念日等，没有记录是不行的。好记性不如烂笔头，就是这个道理。

过去，人们习惯于将要办的事情记录在本子上，一纸一笔成为随身携带的必需品。纸笔固然有用，但智能手机却能做得更好。

智能手机的日历当中就带有备忘录功能，只要打开日历，就能够知道这一天有什么事情要做。即便是忘记了，也可以设置提醒。

使用日历备忘录功能，先要找到手机当中的"日历"（图 2.2.1），
点击打开日历界面（图 2.2.2）。

点击要记录备忘录的日期，就会出现"新建事件"的选项（图
2.2.3）。

图 2.2.1

图 2.2.2

图 2.2.3

首先要输入事件的标题，以便看一眼就知道这一天要做的是什么事
情（图 2.2.4）。

接下来是事件发生的时间，添加正确的时间才能保证事情记录的准
确性（图 2.2.5）。

图 2.2.4

图 2.2.5

再然后是设置提醒我们做事的时间，要做事，总不能事到临头才做
（图 2.2.6）。

我们可以选择提前多少时间通知设置，从几分钟到几天都是可以的
（图 2.2.7）。

这些都做好了以后，一个日历备忘录就设定好了。无论有什么事情，
当手机铃声响起，看见提前设定好的标题就绝对不会忘记了。

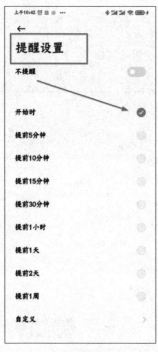

图 2.2.6   图 2.2.7

3. 计算器、手电筒，一机在手天下我有

    计算器、手电筒，此类小电器虽不起眼，但对生活却有着非常大的帮助。不仅在家里用得上，出门在外的时候也经常有发挥作用的机会。

    当今，计算器、手电筒的基本功能，智能手机对它们已经内置好了。

    计算器功能使用起来非常简单，只要在桌面上找到"计算器"的图标（图 2.3.1），点击进入即可。相信大家看到计算器的界面以后，马上就能理解计算器的用法了（图 2.3.2），非常简单，与普通的计算器没有什么不同。

图 2.3.1

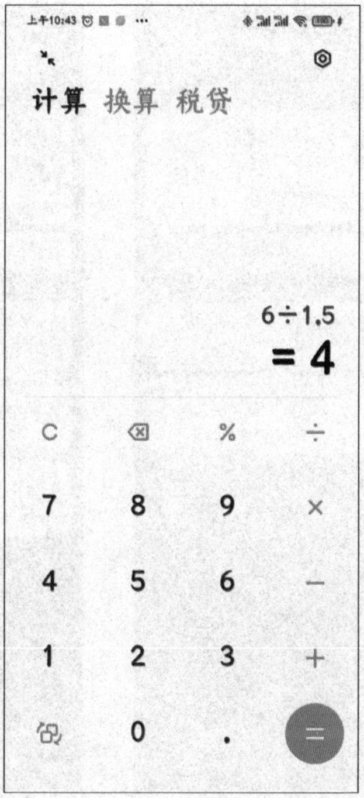

图 2.3.2

简单的界面同样代表了功能上的简单，想要进行复杂的科学计算，还是要使用带有科学计算功能的计算器。

手电筒在生活当中使用的场景也很多。使用手电筒有两种方式，第一种，为了提高使用的便利性，许多厂商将手电筒功能集成在下拉菜单中。将手指放在屏幕靠近顶端的位置，轻轻下滑，菜单就会展开（图2.3.3)，找到手电筒功能（图2.3.4），点击就能点亮闪光灯。想要关闭的时候，只需要再次点击图标即可。

还有一种方式，就是从桌面上找到手电筒的图标，点击手电筒开关就可以了（图2.3.5）。

要注意，每次使用完手电筒功能后都要记得关闭。长时间使用，一是耗费手机电量，二是会减少手机闪光灯的寿命。

图 2.3.3   图 2.3.4   图 2.3.5

4. 善用闹钟，生活有规律

想要生活有规律，闹钟是必不可少的——无论是早上起床，还是临时有什么事情需要被提醒，闹钟都能起到很大的作用。

人们使用的闹钟也是在不断改变，从最开始的钟表到普通手机，再到现在普及的智能手机，功能越来越多，效果也越来越好。

智能手机的闹钟功能能够让生活变得更加规律，主要是因为其便利性。智能手机的闹钟周期可以自己设置，并不是像传统手机那样每天都要设置一次。

使用智能手机的闹钟功能，先在桌面上找到"时钟"应用（图 2.4.1），点击点开菜单。菜单里有"闹钟""世界时间""秒表""定时器"等功能（图2.4.2），我们要使用闹钟功能，点击"闹钟"即可。

图 2.4.1

图 2.4.2

点击菜单中的"添加"（图2.4.3），就可以设置一个新的闹钟。

在新的菜单里，设置闹钟响起的时间是最重要的，上下滑动数字到想要闹钟响起的时间即可（图2.4.4）。要注意，时间根据手机的设置是分12时和24时的。12时要注意自己设置的是上午还是下午，24时要注意在中午12点以后，每过1小时要在12上增加1小时，下午1点就是13点，以此类推。

图 2.4.3

图 2.4.4

　　菜单当中还有星期日历，想要让闹钟在星期几响起，就点击该日期让其变色即可。要注意，按照星期设置的闹钟，不只可以设置当天，每天也可以有选择地设置响铃时间（图 2.4.5）。

　　除此之外，智能手机还可以设置自己想要使用的铃声和选择是否振动，在想要更改的地方点击即可。

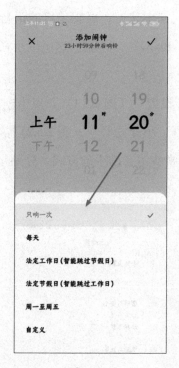

图 2.4.5

5. 找不到手机？招呼一声试试

想要用什么东西，却想不起来放在哪里，这个时候别提多着急了。不少人都想过，要是我喊它一声，它能答应该有多好啊！现在，其他大部分用品尚未实现这个功能，但许多智能手机已经实现了。

为了让智能手机更加便利，能承担更多的责任，许多厂商为手机开发了语音助手功能。语音助手能准确地识别你的声音、你所说的内容，并根据语言内容给出回答。

设置语音助手，先要找到语音助手功能。每家厂商都有自己的语音助手特点，名字也各不相同。例如，小米手机的语音助手叫"小爱同学"，华为手机的语音助手叫"小艺"，联想手机的语音助手叫"小乐"，三星手机的语音助手叫"Bixby"……我们这里以小米手机的"小爱同学"为例。

先在桌面上找到"设置"（图 2.5.1），点击进入菜单。

在设置菜单中找到"小爱同学"（图 2.5.2），点击打开。在此界面（图 2.5.3），可以选择唤醒语音助手的方式，分别是"语音唤醒"和"长按电源键 0.5 秒"。

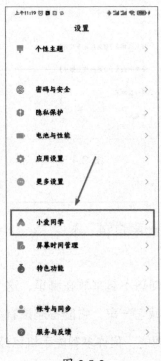

图 2.5.1　　　　　　　图 2.5.2　　　　　　　图 2.5.3

"语音唤醒"，顾名思义，当你喊出"小爱同学"的时候，语音助手功能就会被唤醒。"长按电源键 0.5 秒"，就是稍微按下电源键，然后松开，即可唤醒语音助手。切记不要太快也不要太慢，太快手机会直接进入锁屏状态，太慢又会弹出关机菜单。

如果要使用"长按电源键 0.5 秒"唤醒的话，只需要点击开关，让开关保持打开的状态即可。想要更便利地使用"语音唤醒"，还需要进行声音录入，以增加识别的准确率。

点击"语音唤醒"即可进入"设置语音唤醒"界面录入唤醒词（图2.5.4），点击开始录入，以清晰洪亮的声音说出"小爱同学"，几次以后屏幕上就会出现"录入成功"的提示（图 2.5.5）。

图 2.5.4

图 2.5.5

在这里，我们介绍了"小爱同学"的设置方式，其他手机厂商的语音助手设置流程与"小爱同学"几乎完全一致。按照流程设置好语音助手，就再也不用担心手机找不到了。

6. 应用商店，下载应用更安全

智能手机本身虽然有许多功能，但有些功能并不完善，而有些功能则需要第三方的应用作为支持。因此，下载手机应用就成为你必须要学会的知识点。

不过，许多不法分子会伪造人们常用的应用程序，在其中设置木马病毒，伺机盗取手机信息和里面的财产。为了安全考虑，从手机自带的应用商店下载应用程序是最好的办法。

在桌面上先找到"应用商店"（图 2.6.1），点击进入。此时，我们要关注的是位于最上面的搜索栏和位于最下方的分类按钮（图 2.6.2）。

图 2.6.1

图 2.6.2

如果已经有了想要下载的应用程序，就在搜索栏里输入应用名称，点击在搜索栏末端的"放大镜"图标（图2.6.3），就可以开始搜索了。

从搜索到的结果当中找到你的目标，点击，就可以看见应用程序的基本信息，一般包括出品公司、应用类型、应用评分等。如果想要安装，只需要点击屏幕最下端的"安装"按钮（图2.6.4）即可。

如果没有特定的目标，不妨在刚刚进入应用商店时，点击最下方"应用""游戏""排行榜"等图标（图2.6.5），选择你最感兴趣的类别和内容进行安装，体验不同的使用乐趣。

图2.6.3

图2.6.4

图2.6.5

小贴示

看不到的应用程序最耗电

手机耗电太快、续航时间太短，是制约智能手机发展的一大障碍。许多智能手机的用户都为手机耗电而头疼，想尽办法节约手机用电。但是，无论是多么努力地去管理应用程序、清除后台，手机的耗电速度依然很快，这主要是因为那些看不到的应用程序恰恰是最耗电的。

智能手机除了我们能看到的应用程序外，还存在着许许多多支持系统运行、为其他应用程序能正常运行保驾护航的基础应用。这些应用程序，我们看不见，也没办法打开一看究竟，但它们无时无刻不在运行着，只要手机是开着的，它们就保持在打开的状态。看不见又最耗电的应用程序，指的就是它们了。

进阶篇

玩转生活中的必备软件

分软件进行详尽的介绍，包括微信、支付宝、网上购物、网约车等生活中常见、常用到的应用软件，从最基础的操作到隐藏的功能都会涉及，帮大家解决生活中常见的各种问题。

第三步
使用微信，距离不再遥远

许多人接触智能手机的一大原因，就是智能手机可以使用微信。微信的确让人与人之间的沟通多了许多简单快捷的方式，无论是发送语音、视频通话，还是发送文件、发红包，都让人与人之间的距离变得更近了。

1. 注册账号，填写资料

微信是当下最火爆、最受欢迎的社交软件，使用起来非常便利，功能简单易学，还能选择语音、图片、文字等多种交流方式。所以，要让智能手机完全发挥作用，有更多便利与他人交流的方式，微信是最佳选择。

使用微信，那就必须有一个账号。这个账号就是你的身份证明，拥有了账号，才能够让其他人找到你，跟你交流。

注册微信，先在桌面上找到微信的绿色图标（图 3.1.1），点击打开。进入到微信界面后，在最底端会有"登录"和"注册"两

图 3.1.1

个选项（图3.1.2），点击"注册"即可。

在新的菜单中，第一项是设置昵称（图3.1.3），也就是我们要在微信里使用的名字。出于对个人隐私的保护，这里并不建议使用真名。

当填写好昵称以后，就可以进行下一步，输入手机号码（图3.1.4）。对于已经安装了电话卡的手机，开通微信时会自动填写当前的手机号码。如果想要用其他号码注册，需要点击填写手机号码一栏，自行更改。

图 3.1.2

图 3.1.3

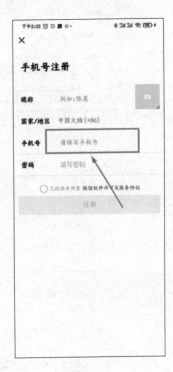

图 3.1.4

菜单当中的最后一栏，是你要为自己的账号设定密码（图3.1.5）。

设置好密码以后，千万不要忘记勾选"已阅读并同意微信软件许可及服务协议"，勾选后点击注册（图3.1.6），就可以进行下一步了。

点击注册以后，会弹出"微信隐私保护指引"菜单，认真阅读条款内容，觉得条款可以接受的话就点击右下角的"同意"，继续注册微信账号。点击"同意"之后，微信会弹出"安全验证"，拖动图片下方的绿色滑块，让滑块上方的拼图与图片缺少的部分吻合，就算是验证成功了。

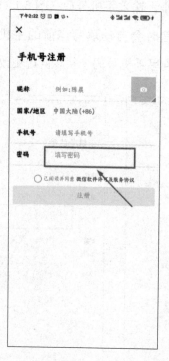

图 3.1.5

图 3.1.6

进行安全验证以后，会弹出验证手机号码的环节。微信提示，会发送一串代码到某个短信服务号码上。只要点击"发送短信"，就会进入短信界面，发送短信后回到上个菜单，点击"已发送短信，下一步"即可开始验证，验证结束后就算是注册成功了。

注册微信成功以后，我们可以通过填写资料让自己的微信更加个性化，也可以增加识别度，让认识我们的人更好地找到我们。

在微信主菜单上，找到右下角，下方有"我"字的人形剪影（图3.1.7），点击进入后，最上方就是我们的昵称。

昵称的左边，是一个灰色的、中间有相机图案的灰色块（图 3.1.8），点击该色块，即可查看我们当前填写的个人资料（图 3.1.9）。在这一界面里，我们能看到分别有"头像""昵称""拍一拍""微信号""二维码名片""更多"和"我的地址"等选项。

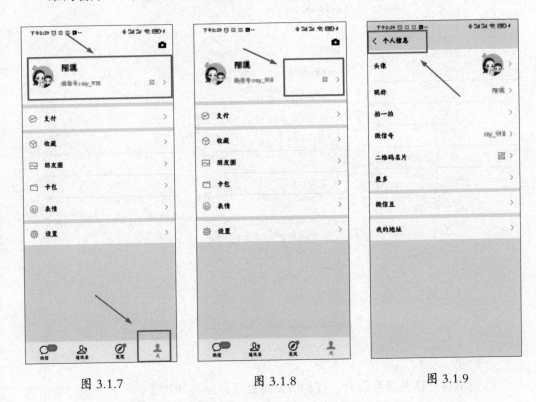

图 3.1.7 图 3.1.8 图 3.1.9

头像，顾名思义，就是其他人看到我们的微信头像，会一直显示在昵称旁边。昵称，就是我们之前设置过的在微信上显示的名字。拍一拍，是微信的互动功能，在别人对我们进行"拍一拍"的时候，会根据我们的设置展示不同的文字。

微信号，是我们的身份凭证。当其他人想要添加我们做好友的时候，除了搜索手机号码外，也可以通过搜索微信号来达成。二维码名片，同样是我们身份的象征，通过扫二维码也可以直接添加好友。

"更多"选项当中，有"性别""地区""个性签名"这三项（图3.1.10），请根据个人的情况进行设置，在其他人查看我们的资料时，这些是能看到的最基本内容。

图 3.1.10

填写好这些资料以后，我们的微信就可以正常使用了。

2. 设置微信，让使用更便捷

开始使用微信以后，总是会碰见各种各样的问题，想要更改设置，又觉得设置界面太过于复杂，众多项目当中很难找到常见的、常用的。在这里，就向大家介绍一下微信常用的几项设置。

想要更改微信的设置，在打开微信以后，找到右下角，下方有"我"

字的剪影（图 3.2.1），点击进入。

　　在这一页的条目当中，找到"设置"选项（图 3.2.2），点击进入。新的一页中，许多设置令人眼花缭乱，而我们最需要注意的就是第一项，

图 3.2.1

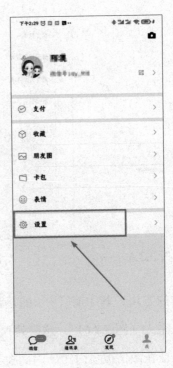

图 3.2.2

"账号与安全"（图 3.2.3）。点击进入后，我们能看到自己的微信号、绑定的手机号码（图 3.2.4）。这两项是我们的基本信息，是他人找到我们的凭证。

　　本页面中最重要的项目，就是"应急联系人"一项（3.2.5）。在我们忘记了微信密码，或者是微信密码被别人破解、微信账号被盗用的时候，"应急联系人"是找回微信账号最重要的凭证。

　　点击"微信联系人"，在打开新的页面中，我们会看见用灰色虚线

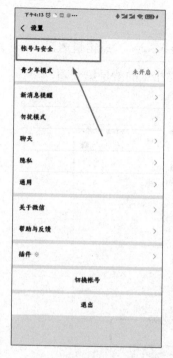

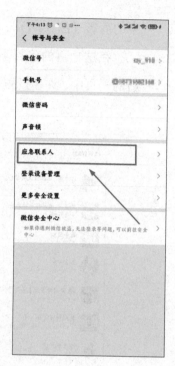

图 3.2.3　　　　　　　　　图 3.2.4　　　　　　　　　图 3.2.5

构成的方块，其中有"+"的是添加应急联系人，有"-"的则是删除应急联系人（图 3.2.6）。这里建议最好是多添加几个应急联系人，这样才能保证在微信被盗时第一时间找到人帮忙找回账号。

在"新消息提醒"页面中，我们能看到各种各样的开关（图 3.2.7），其中包括了是否接收新消息、语音和视频邀请通知等选项，根据自己的需求打开或者关闭开关即可。

在"隐私"页面当中（图 3.2.8），可以选择添加我们为好友的时候，是否需要进行验证、通过什么渠道找到我们进行添加以及是否允许微信读取我们的手机通讯录，从中推荐已经注册了微信的好友。这几项能够决定别人找到我们的方式，如果这个微信账号只需要联系亲朋好友，那么添加我们的方式就越少越好。

图 3.2.6

图 3.2.7

　　页面下方是对"朋友圈"的隐私设置，"不让他（她）看""不看他（她）"，可以针对某个人、某些人设置，保证我们不看到他的朋友圈和视频动态，或者保证不让他看到我们的朋友圈和视频动态。

　　再下方，"允许陌生人查看十条朋友圈"的开关，关掉可以进一步保护我们的隐私，保证除了我们的好友之外，其他人是不可能看到我们朋友圈的内容。而即便是朋友，也可以通过"允许朋友查看朋友圈的范围"这条设置，决定他能够看到我们的朋友圈的时间。有些时候，必须临时添加微信好友，将日期设置得越近，就越能减少隐私泄露的可能。

　　在"通用"页面中（图 3.2.9），最需要注意的是"字体大小"。手机系统的字体大小有些时候并不能影响到微信，想要发送微信文字也有大字体，必须单独设置。点击"字体大小"，进入菜单后拖动最下方的滑块，设置自己满意的字体大小即可。

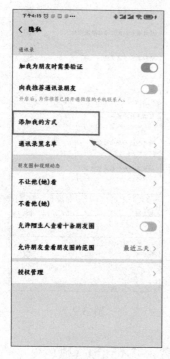

图 3.2.8

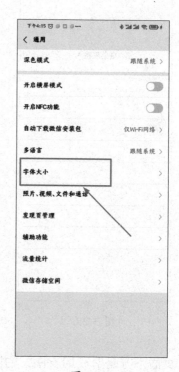

图 3.2.9

3. 没朋友？添加朋友方式多

微信是与人沟通的工具，如果没有朋友，微信就失去了根本作用和意义。更何况，我们要在微信上与认识的人沟通，"添加朋友"这一步是必不可少的。

微信提供了多种添加朋友的方式，现在就让我们一起来看看吧。

最直观的添加方式，自然就是搜索。在微信的主界面最上方，有一个放大镜图标（图 3.3.1），点击这一图标就能进入微信的搜索功能。点击搜索栏（图 3.3.2），即可弹出输入法。在其中输入你想要添加朋友的微信号、手机号码或者 QQ 号，点击下方弹出的"查找手机 /QQ 号"，就可以进行搜索了。搜索到对方的微信以后，点击下方的"添加到通讯录"，就成功地添加了一位朋友。

图 3.3.1

图 3.3.2

　　如果你是与朋友面对面，要添加对方的微信以便以后能用手机交流，还可以选择扫对方的微信二维码。点击主界面最上方的"+"（图 3.3.3），点击"扫一扫"，就会弹出扫描二维码的界面，对方只要打开自己个人信息当中的二维码，将扫描界面中间的方框对准对方的二维码扫描一下就可以进行添加了。

　　如果想要认识一些新朋友，微信也是有办法的。在主界面的最下方有写着"发现"的指南针图标（图 3.3.4），点击该图标，就可以进入新的菜单。在新的菜单里，"摇一摇"和"附近的人"都是我们认识新朋友的途径。

图 3.3.3

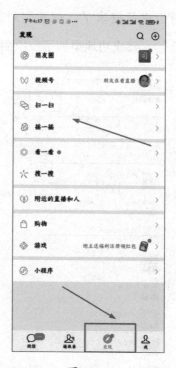

图 3.3.4

点击"摇一摇"，屏幕上会出现一只手握着手机的图片（图 3.3.5），这时你只要轻轻摇动手机就可以开始匹配。匹配停止后，屏幕上就会出现一个和你同时摇动手机的新朋友（图 3.3.6），点击对方的图标就可以进入对方的资料界面，点击"打招呼"就可以和对方聊天了。

"附近的人"，是根据手机定位到距离我们不远的人。点击"附近的人"进入菜单后，就可以查看到附近都有谁（图 3.3.7）。想要和谁打招呼，只要点击对方的头像进入资料界面后，再点击"打招呼"即可。

图 3.3.5

图 3.3.6

图 3.3.7

4. 打字不方便？那就直接通话吧

　　微信传递信息的方式是多种多样的，微信之所以能够火爆，就是因为微信的语音功能得到了大众的认可。如果你不喜欢打字，通过语音聊天、视频通话功能，让交流变得更加方便。

　　微信最基本的语音功能，就在你与好友聊天界面的最下方（图3.4.1），只要按住写有"按住说话"四个字的按钮，就可以对着麦克风输入语音了。语音输入结束以后，松开手就可以自动发送。

　　如果你在语音的过程中觉得有什么话说错了，在说完以后别直接松手，马上滑动到大大的"×"的图标（图3.4.2）上松手，即可取消发送。

如果对方不方便听语音，还可以说完语音以后滑动到右边的"文"字上（图3.4.3)，将语音转化成文字发送。

图 3.4.1

图 3.4.2

图 3.4.3

有时候误操作会让下方"按住说话"的按钮变成输入栏，无法发送语音。这个时候，只需要点击输入栏左边的图标（图3.4.4），即可转换成语音模式。如果想要输入文字，就再点击该位置一次。

一条一条地发语音不过瘾？微信还支持语音通话和视频通话功能。

在输入栏的右侧，有一个"+"图案（图3.4.5），点击该图案会弹出菜单。找到"视频通话"选项（图3.4.6），下方会弹出"语音通话"和"视频通话"两项（图3.4.7），选择自己想要的方式点击，即可向对方发出通话请求。对方接收以后，你们就可以开始通话了。

图 3.4.4

图 3.4.5

图 3.4.6

图 3.4.7

5. 有啥新鲜事？公众号上找找看

智能手机除了拥有便利的通信功能外，通过连接网络还能让我们随时随地地获取其他信息。随着自媒体行业的兴起，各种信息也越来越专业化，分类也越来越细致。在微信上，我们能通过公众号迅速找到自己想要了解的信息，即便是很多专业内容也可以轻松获得。

添加微信公众号是非常方便的。打开微信后，找到右上角放大镜图标（图 3.5.1），点击后进入搜索界面。在搜索界面下方有几个分类，点击"公众号"（图 3.5.2），在弹出的搜索栏里输入感兴趣的关键词，例如"养花"（图 3.5.3），随后我们可以点击输入法上最右下角的"搜索"

图 3.5.1

图 3.5.2

或者放大镜按钮,即可以"养花"为关键词进行搜索。

也可以在输入"养花"后,在出现的众多关键词中选择一个点击,以微信给出的关键词进行搜索,这样就会出现许多关于养花的公众号(图 3.5.4)。

图 3.5.3

图 3.5.4

我们选择一个点击进入资料界面后,点击"关注"按钮(图 3.5.5),就可以随时进入公众号查看对方发布的文章了。

进入公众号以后,最下方会有公众号为了方便用户制定的功能按钮(图 3.5.6),通过这些按钮可以阅读公众号之前发布的文章,这就是公众号为用户提供的便利功能。

图 3.5.5   图 3.5.6

6. 独乐乐不如众乐乐，朋友圈晒一晒

朋友圈功能是微信非常重要的一项功能，有了朋友圈，你可以将自己想要分享给朋友的乐趣都放在里面——可以是自己做的一道得意的菜肴，可以是自己养育的一盆盛开的鲜花，可以是自己做的精致手工，可以是自己妙手偶得的一篇诗歌……

可以是分享，也可以是炫耀。总而言之，这是将你的快乐、忧伤或者其他心情分享给微信中其他朋友的最佳途径。

发朋友圈也非常简单，打开微信点击右下角，下方有"发现"二字的指南针图案（图 3.6.1），点击就可以进入菜单。菜单中的第一项就是"朋友圈"（图 3.6.2），点击即可打开你的朋友圈，看看微信当中的朋友们都发了些什么动态。

图 3.6.1

图 3.6.2

自己想要发布朋友圈，在进入朋友圈以后，点击右上角"照相机"图标（图 3.6.3），会弹出"拍摄"和"从相册选择"两个选项（图 3.6.4）。如果你想要发布的照片没有现成的，就选择"拍摄"，如果你想要发布的照片已经拍好了，就选择"从相册选择"。

图 3.6.3   图 3.6.4

　　朋友圈一次最多可以发布 9 张照片，在选择照片的时候，需要点击照片右上角的圆圈，让圆圈成其中带有数字的绿色（图 3.6.5）。数字的顺序，就是朋友圈发布以后照片的排列顺序。选好照片以后，点击右上角的"完成"就会结束添加照片，进入编辑界面（图 3.6.6）。

　　在编辑界面，可点击"这一刻的想法"（图 3.6.7），编写自己所要发送内容的感悟。下方的"所在位置"，可以在发表朋友圈时附加现在的位置，如果想要保护自己的隐私就选择"不显示位置"（图 3.6.8）。

图 3.6.5

图 3.6.6

图 3.6.7

图 3.6.8

"提醒谁看"功能（图 3.6.9），点击以后可以从通讯录中选择一定数量的好友（图 3.6.10），在朋友圈发布以后会进行通知。"谁可以看"功能（图 3.6.11），可以选择这条消息给谁看、不给谁看，点击要选择的对象，然后点击右上角的完成即可。

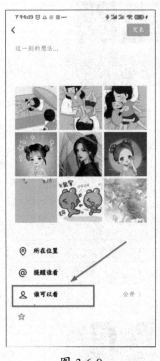

图 3.6.9

图 3.6.10

图 3.6.11

当这些都设置好了，点击右上角的"发布"，一条朋友圈消息就发布成功了。如果只想发布文字不想发布图片，可以长按朋友圈右上角的"照相机"图标，这会跳过选照片环节，直接发布文字。

7. 饭后百步走，微信运动帮你计数

散步能舒筋活血，愉悦身心，许多人都有在饭后进行散步的习惯。那么，一天下来我到底走了多少步呢？微信当中的朋友们谁走得多，谁走得少呢？我走了这么多步，消耗了许多能量，能否还有别的作用呢？这一切问题的答案，都在微信运动当中。

微信运动是微信当中的一项实用功能，可以在微信主界面最上方的搜索栏里进行搜索，操作与搜索好友相同。搜索到"微信运动"以后，点击下方的启用即可（图 3.7.1）。

每次进入"微信运动"的时候，下方都会出现"步数排行榜"（图

图 3.7.1

图 3.7.2

3.7.2），点击进入排行榜，就能看到已经开通"微信运动"的朋友们都走了多少步（图 3.7.3）。

微信运动的功能还远不止这些，进入"微信运动"以后，点击右上角像齿轮的"设置"图标（图 3.7.4），进入"微信运动"的设置界面。

图 3.7.3

图 3.7.4

点击"进入我的主页"（图 3.7.5），就能看到"今日运动""步数""我关注的人""捐赠步数"这几项（图 3.7.6）。

图 3.7.5

图 3.7.6

  点击"今日运动",不仅可以看到今天走的步数,还能看到之前 30
日内每天走了多少步(图 3.7.7)。"我关注的人"中,可以添加你想要
知道的朋友今天运动了多少步。"捐赠步数"是微信与一些企业联合
举办的公益活动,每天都有不同的活动内容(图 3.7.8)。当你走了足
够的步数以后,可以将步数捐给当前活动,为公益事业贡献自己的力
量(图 3.7.9)。

图 3.7.7　　　　　　　　　图 3.7.8　　　　　　　　　图 3.7.9

8. 绑定银行卡，开启微信支付

过去，人们出门的时候总要带着钱包，在身上装一些现金以备不时之需。随着智能手机的发展，只要开通微信支付并绑定银行卡，微信支付就可以让手机成为你的加密钱包，这样付款就变得非常便利。

开通微信支付、绑定银行卡，首先在微信主界面中找到下方有"我"字的人物剪影图标（图 3.8.1），点击打开个人菜单，再点击其中的"支付"图标（图 3.8.2）。进入支付界面后，最上方的绿色部分中，左边的"收付款"可以制定向商家出示快速付款的二维码，右边的"钱包"就是绑定银行卡的菜单（图 3.8.3）。

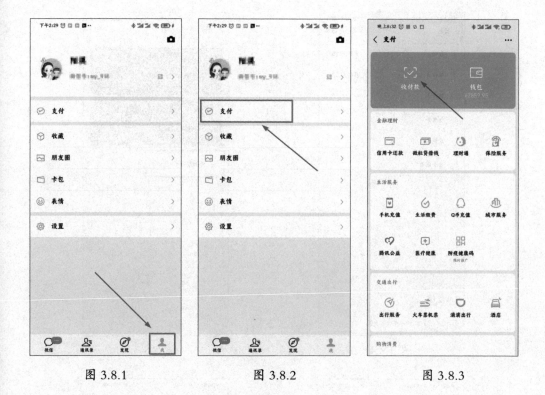

图 3.8.1   图 3.8.2   图 3.8.3

点击"钱包"，可以看到你在微信当中拥有的财产和支付手段（图3.8.4），点击"银行卡"进入绑定银行卡界面。

此时，银行卡界面是空的，点击"添加银行卡"（图3.8.5），会跳出"设置支付密码"的界面（图3.8.6），设置好"支付密码"后才能进行下一步。支付密码一定要牢记，因为用微信付款先要输入支付密码来验证所绑定银行卡的安全，才能顺利付款。

设置好支付密码后，将进入输入银行卡信息界面（图3.8.7），在持卡人处输入银行卡持卡人姓名，下面条框输入卡号。输入完毕，点击"下一步"。

下一个界面当中，需要输入"卡类型""职业""地区""手机号"等个人信息（图3.8.8），输入完毕，勾选"同意用户协议"后继续点击

图 3.8.4

图 3.8.5

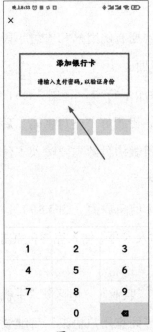

图 3.8.6

图 3.8.7

"下一步",进入短信息验证环节。点击屏幕右侧绿色的"获取验证码"（图3.8.9），稍等片刻，将收到短信中的验证码输入，点击"下一步"，银行卡就绑定完成了。

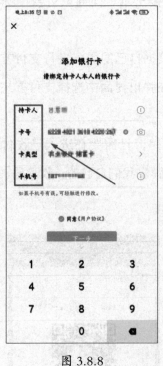
图 3.8.8

图 3.8.9

下面介绍生活中几款主要的微信支付方式。

一、 收钱付款，只需微信扫一扫

从前，我们购物总会担心付款算错账，收款有时还辨别不了钞票的真伪，而现在移动支付的出现，很好地解决了我们的后顾之忧！算错账不要紧，每一笔支付都能找到账单，至于假钞就更不必担心了，线上支付哪里需要用到纸币。

现在，大家一起学习用微信来完成支付吧！

首先，打开微信，点击右上角的"+"号，并在打开的选项中选择"收付款"（图3.8.10）。

进入"收付款"界面后，就可以根据自己的实际情况来进行操作。如果是向商家付款结账，那么只需要直接出示"向商家付款"选项下的二维码，让商家进行扫描即可。

此外，在二维码下方，我们还可以根据自己的需求进行支付方式的优先设置。只需直接点击该选项，然后在弹出界面中选择支付方式，并点击"确认"即可。

如果我们要向别人收款，同样很简单，只需要在进入"收付款"界面后，选择"二维码收款"选项，就会弹出我们自己的"收款码"（图3.8.11）了。

图 3.8.10

图 3.8.11

向别人收款时，可以直接让对方用微信扫描我们的"收款码"，并由对方输入金额。也可以通过收款码左下方的"设置金额"一栏（图3.8.12），自己来设置收款金额。

此外，在收款码下方还有一个"收款小账本"（图3.8.13），点击进入之后，就能查询我们的收款信息了（图3.8.14），非常方便呢！

图 3.8.12

图 3.8.13

图 3.8.14

二、足不出户，生活缴费也能全搞定

水费、电费、电话费……每个月都躲不过的生活缴费，去银行办理实在是太麻烦了，尤其遇到人多的时候，光排队就得浪费不少时间。现在不用愁了，有了智能手机、有了微信支付，足不出户就能轻松把生活缴费全搞定！

现在，大家拿起手机，打开微信，让我们一起来学习生活缴费的步骤吧！

打开微信，进入右下角"我"的选项，点击"支付"图标（图3.8.15）。

进入"支付"界面后，点击"生活服务"一栏下的"生活缴费"图标（图3.8.16）。

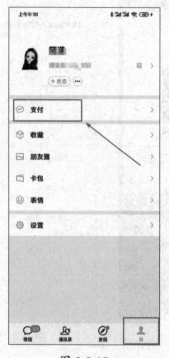

图 3.8.15

图 3.8.16

大家可以看到，在界面中，有电费、水费、燃气费、固话费、宽带费、有线电视、油卡充值、ETC 办理、供暖费等选项（图3.8.17），只要你所在的城市已经开通了这些线上缴费项目，就能轻松通过微信进行费用缴纳。

现在，让我们以缴纳电费为例来说一说具体的操作。

点击"电费"选项进入界面后，根据提示选择缴费单位，输入缴费户号（图 3.8.18），设置完毕信息之后，选择购买电量金额，就能直接进行费用缴纳了。以后，家里电量不足时，还能收到手机的短信提示，再也不用因为没有电量突然停电而发愁了。

图 3.8.17

图 3.8.18

三、还在排队买车票？那你就 OUT 了！

以前，出一趟门不容易，光是买车票就麻烦得不行，又要计划行程，又要排队购票，万一想要的车次没了，又得再重新规划行程……现在，通过微信支付，我们可以直接网络购票（退票、改签一样方便），动动手指，就能慢慢计划、慢慢筛选，找到最合自己心意的车次。

打开微信，进入"我"的界面，并点击"支付"选项。进入界面后，找到"交通出行"一栏，选择"火车票机票"（图 3.8.19）图标点入。

进入此界面后，我们就可以根据自己的需求，选择是购买火车票、机票还是长途汽车票了，就连酒店、打车、门票也是可以通过微信来完成支付。

图 3.8.19

下面，我们以购买火车票为例，来说一说具体的操作流程。

购买火车票，我们点击进入"火车票"界面，按照提示输入自己的所在地和出行目的地，以及需要出行的日期（图 3.8.20）。输入完成后，直接点击"火车票查询"，就能查看我们可以购买的所有车次了。

选择好合适的车次后，直接点击进入"预定"界面（图 3.8.21），然后根据提示填写本人的姓名、身份证号码等信息，最后进行支付即可。购买飞机票和汽车票也是如此，简单又方便。

图 3.8.20

图 3.8.21

9. 微信红包，该有的仪式感一样不落

以前，逢年过节，我们对亲朋好友总少不了发几个红包，大家一块儿乐呵乐呵！而现在，随着微信走进千家万户，不管是抢微信红包还是发微信红包，几乎成了各种节庆日的标配娱乐活动之一。所以，不懂怎么玩转微信红包，你就 OUT 了！

就让我们一起来看一看，微信红包究竟该怎么玩吧！

抢红包不用说，相信大家都会玩，只要看到红包发出来，快、准、狠地点击"红包"，就会跳出一个红包的画面，中间有一个"开"字，点击"开"就能顺利抢到红包了。当然，如果你出手不够快，那么点击之后就只能遗憾地看到"手慢了，红包派完"的字样。

会抢红包，我们还得会发红包。现在发微信红包主要有两种形式，一种是普通红包，一种是拼手气红包。

"普通红包"，就是最基础的单个红包，我们可以直接设定好要发的红包金额，然后发出即可；"拼手气红包"，通常是针对微信群发的红包，也是现在大家抢红包的主要形式。拼手气红包可以设定红包的总个数以及红包金额，每个红包内的金额都是随机分配，抢到多少就看各人的运气了。

一、普通红包

普通红包可以发给指定的个人，也可以进行群发。

首先，打开你要发红包给的个人或微信群的对话框，点击右下角的"+"图标，在以下对话框中选中"红包"（图 3.9.1）。

如果你打开的对话框是个人，那么，此时红包均默认为普通红包（图 3.9.2），只需在"单个金额"一栏输入红包金额即可，一般限额 200 元。在"单个金额"下一栏，是红包封面所显示的文字内容，默认为"恭喜发财，大吉大利"，该项内容可以根据自己的需求进行修改。红包封面目前只有一个默认款式，如果需要其他款式的红包封面，是需要进行购买才能使用的。

图 3.9.1

如果你打开的对话框是微信群，按照以上操作后，打开的红包通常默认为"拼手气红包"。如果需要更改为"普通红包"，可点击"总金额"一栏下的黄色小字或是点击"拼手气红包"，内容可改为"普通红包"（图 3.9.3）。

图 3.9.2

图 3.9.3

更改为"普通红包"后，可自行设定"单个金额"和"红包个数"，其他操作同上。

二、拼手气红包

拼手气红包，是针对微信群的红包。

首先，打开你要发送红包的微信群对话框，点击右下角的"+"图标，在以下对话框中选中"红包"。通常来说，进入此界面之后，默认的就是"拼手气红包"。

　　输入红包的"总金额"数，输入红包个数（图 3.9.4）。之后，总金额会随机分配到每一个红包中，抢到多少金额就看大家个人的运气了。

　　和普通红包一样，拼手气红包的封面同样默认显示"恭喜发财，大吉大利"的字样，也可自行更改显示内容（图 3.9.5）。红包封面目前同样只有一个默认款式，如果需要其他款式的红包封面，需要另行购买使用。

图 3.9.4

图 3.9.5

10. 红包不够大？转账了解下

春节到了，也是到了要发红包的时候，长辈正打算大方地给拜年的小辈们发点零花钱，可点进微信红包一瞧，单个金额居然不能超过 200 元。这可怎么办？这点钱哪够长辈表达疼爱小辈们的拳拳之心。

不要着急，嫌弃红包金额不够大，那么不妨了解一下转账红包。

打开微信通讯录找到你要转账的好友，选中后，点击"发消息"按钮。此时打开对话框，点击右下角的"+"图标，在打开的对话框中找到"转账"图标（图 3.10.1）。点击后，在"转账金额"一栏中输入需要转账的数额（图 3.10.2）。

图 3.10.1

图 3.10.2

在"转账金额"下一栏有"添加转账说明"的字样，点击后可输入不超过 10 个字的转账说明内容（图 3.10.3）。

输入文字完毕之后，点击"确定"回到转账页面，确认金额无误后点击右下角"转账"按钮，然后根据提示输入支付密码或指纹即可。

转账成功后，点击"完成"按钮后回到聊天界面，对话框内会显示一条转账信息（图 3.10.4）。

图 3.10.3

图 3.10.4

一笔转账就这样完成啦！

在这里，大家一定要切记：在转账过程中，一定要确定好转账对象和转账金额，不要一时大意给自己造成经济损失。

11. 建个家族群，大家一起聊

约吃饭、聊事情、去逛街，一大家子七大姑八大姨的这么多人，一个个通知未免太麻烦，怎么办呢？不妨建个家族群，大家一起聊一聊，干啥都方便！

在微信中建立家族群，首先打开微信界面，点击右上角的"+"图标（图 3.11.1）。

点击"+"图标后会出现一个下拉框，选择"发起群聊"（图 3.11.2），之后就进入到选择联系人的页面，有两个方法可以建群。

图 3.11.1

图 3.11.2

第一种方法是"面对面建群"。我们打算建立的群聊成员此时都聚在一起，那么就可以选择这个方法：

点击"面对面建群"（图 3.11.3），选择后出现画面，根据页面提示输入随意 4 位数字，并让身边需要加入群聊的朋友也进行如上操作，并输入相同的 4 位数字（图 3.11.4）。

图 3.11.3

图 3.11.4

数字输入之后出现（图 3.11.5）画面，点击"进入该群"，群聊便建立好了（图 3.11.6），只要在群聊中发言，每一个群成员都能看到消息并进行互动。

如果我们要建立的群聊成员并没有聚在一起，可以直接拉好友来建立群聊，这就是第二种方法。

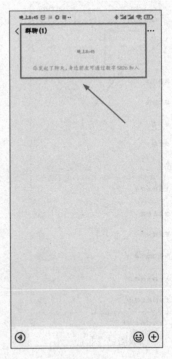

图 3.11.5　　　　　　　　　　　　图 3.11.6

　　采用这种方法建立群聊，在进入选择联系人的页面后，直接选中要加入群聊的好友（图 3.11.7），选择完毕后点击"完成"，即可成功建群。

　　群聊建立完成后，我们还可对群聊进行一些编辑和操作。

　　点击右上角的"…"符号（图 3.11.8），进入后可对本群进行命名。点击"群聊名称"（图 3.11.9），根据提示输入名称，点击"完成"即可（图 3.11.10）。

　　点击"群公告"（图 3.11.11），可以对群公告的内容进行编辑，让全体成员都能看到。

　　点击"群管理"（图 3.11.12），可根据提示，对群成员的权限进行设置。

图 3.11.7

图 3.11.8

图 3.11.9

图 3.11.10

　　此外，在该页面，我们还可以对群聊进行一些设置，如"消息免打扰""置顶聊天""保存到通讯录"（图 3.11.13）等操作，还可根据自己的喜好对群里的昵称进行编辑等。

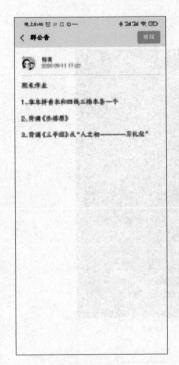

图 3.11.11

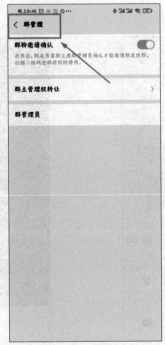

图 3.11.12

图 3.11.13

12. 不知道自己在哪？发送位置给儿女

　　年纪越大，记性越差，看着到处都如出一辙的高楼大厦、车水马龙，完全不知道自己置身于何处，该往左走还是往右拐，这可怎么办呢？别着急，掏出手机打开微信，把你的位置发送给儿女，让他们第一时间就能找到你！

　　那么，要如何操作才能通过微信把位置发送出去呢？

　　首先，打开微信，找到你需要发送位置的联系人或聊天群，点击右下角的"+"图标，在下方的选项卡中点击"位置"（图 3.12.1）。

　　点击后会出现两个选项："发送位置"和"共享实时位置"（图 3.12.2）。

图 3.12.1

图 3.12.2

　　选择"发送位置"，微信会通过手机对你的位置进行定位，并在地图上标记出你的位置，点击"发送"（图 3.12.3）图标，你此刻的位置信息便会通过微信发送给对方了。之后，只要站在原地等待对方来找你就可以了。这个功能简单方便又快捷，再也不用担心迷路啦！

图 3.12.3

13. 共享位置，帮你找到对方

明明已经到了约定地点的附近，却怎么也找不到地方，原地干等别人来找又实在太浪费时间，这可怎么办呢？其实，微信同样可以帮到你，只要打开共享实时位置，就能帮你迅速找到对方在哪里。

首先，打开微信，找到你需要发送位置的联系人或聊天群，点击右下角的"+"图标，在下方的选项中点击"位置"。然后会出现两个选项："发送位置"和"共享实时位置"。选择"共享实时位置"（图 3.13.1），就能通过共享彼此的位置来迅速找到对方。

选择"共享实时位置"后，地图会打开（图 3.13.2），地图会对你的位置进行实时标记。当对方收到你的信息并点击加入后，地图上也会同时出现对方所在的位置，并进行实时标记。要结束时，点结束共享就可以了（图 3.13.3）。

图 3.13.1

图 3.13.2

图 3.13.3

这样，我们就可以通过地图上的标记实时关注自己与对方的位置，从而快速地找到对方。现在，就掏出手机来试一试吧！

14. 怎么通知所有人？群发告诉你

逢年过节发祝福，虽然内容都大同小异，但若是建个群来发未免显得太没诚意；请客吃饭总要通知时间地点，虽然通知内容都一样，但针对每个客人直接建群来通知也似乎有些不太合适。那到底该怎么办呢？

难道只能一条一条"重复作业"吗?

不要急,微信群发功能了解一下——不用建群,也能一次通知所有人。

首先,打开微信界面,在下方工具栏中点击"我"图标,然后再选择"设置"(图 3.14.1)。

打开"设置"页面后,点击"通用"选项(图 3.14.2),然后再选择"辅助功能"选项(图 3.14.3)。

图 3.14.1

图 3.14.2

图 3.14.3

接下来,选择"群发助手"(图 3.14.4),然后再点击"开始群发"(图 3.14.5)。

进入界面后,点击屏幕下方的"新建群发"(图 3.14.6),就进入了选择收信人的界面(图 3.14.7),然后就可以在此界面勾选需要通知的好

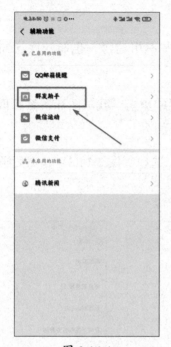

图 3.14.4

图 3.14.5

图 3.14.6

图 3.14.7

友了。

好友勾选完毕之后，点击右上角的"下一步"（图3.14.8），进入消息界面后，就可以开始编写需要发送的消息内容，然后直接发出即可。

需要注意的是：

第一，群发消息是不支持发送动画表情的；

第二，群发消息的内容里不能包含网址；

第三，群发消息时，单条消息的内容最多不能超过5000字；

第四，群发消息时，最多可以同时发送给200位好友。

图 3.14.8

15. 微信小程序，帮你节省空间

以前用的手机，一般就有打电话和发短信这两个功能，能带个"贪吃蛇"的小游戏已经很令人惊喜了。现在呢，人手一台智能手机，功能多了，游戏全了，铺天盖地的软件弄得人晕头转向，一堆各式各样的图标挤在一起，想打开微信都得找半天！

有没有什么办法能让手机界面清洁、井然有序，又能享受各种手机APP带来的便捷服务呢？有的，微信小程序了解一下，打开微信就能享受各种服务，操作便捷又能节省空间。

首先，打开微信，点击下方"我"的选项，选择"设置"（图3.15.1）。

在"设置"中找到"通用"（图 3.15.2）一栏，选择"发现页管理"选项（图 3.15.3）。

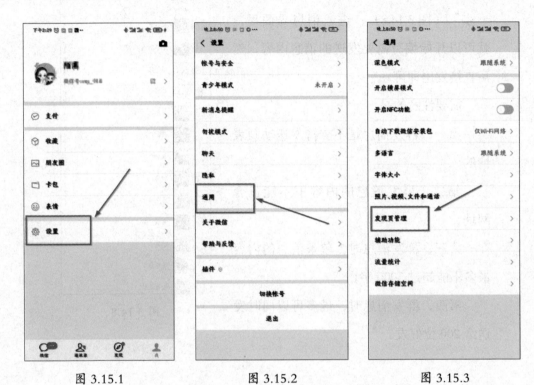

图 3.15.1　　　　　　　图 3.15.2　　　　　　　图 3.15.3

进入后会看到选项界面，找到"小程序"一栏（图 3.15.4），确认其为开启状态（即后方显示按钮是绿色的）。

返回微信主页面，点击下方"发现"选项，进入后可看到"小程序"入口（图 3.15.5）。

点击进入"小程序"之后，可点击右上角的搜索（放大镜图标）选项（图 3.15.6），直接输入想要使用的小程序来进行搜索。

如果没有习惯使用的目标小程序，也可在进入"小程序"页面之后，选择"附近的小程序"或"大家在用"选项（图 3.15.7），在各类热门的小程序中选择你心仪的服务。

图 3.15.4

图 3.15.5

图 3.15.6

图 3.15.7

16. 使用健康宝，再也不愁健康码

健康宝，一般指的是北京健康宝。

在疫情期间，微信上推出了"北京健康宝"小程序，通过这个小程序，我们可以快速查询到个人的健康状态等情况，从而协助有关部门有效防控疫情。

打开微信，点击右上角的"搜索"按钮，在搜索栏中输入"健康宝"（图 3.16.1），就能找到北京健康宝这个小程序。点击进入"北京健康宝"，会弹出一个"声明"界面，阅读条款后点击"确定"（图 3.16.2）。

图 3.16.1

图 3.16.2

如果是首次登录这个小程序，就需要先录入个人信息。点击页面上的"请登录"，根据提示输入个人姓名、身份证号、电话号码等内容，并配合进行人脸数据采集（图 3.16.3）。

信息录入完毕之后，点击北京健康宝首页上的"本人健康码自查询"，就可以查看自己的健康信息等情况（图 3.16.4）。

在该页面右上方有一个二维码的标志，点击该标志，屏幕上就会弹出一个二维码（图 3.16.5）。这个二维码就是我们的健康码，在出入某些场所时，可以出示这个健康码来让对方扫描查询我们的健康状态，协助疫情防控。

图 3.16.3

图 3.16.4

图 3.16.5

小贴示

微信上的陌生人要小心！

微信让我们的生活更加便利，但同时，也让无孔不入的骗子拥有了新的行骗途径。

很多人在使用微信的时候，都有过这样的经历：看到有人添加自己为好友，并且信息上显示有"来自手机通讯录好友"的字样，但想来想去对这人没什么印象，而且翻遍自己的手机通讯录也没有找到这个人的信息。这是怎么回事呢？

其实，这并不是因为你太"健忘"，而是你的手机通讯录里确实没有这个人，你也根本不认识对方，而且很大概率上，这个添加你的陌生人就是个骗子！

添加微信好友时，要想在验证信息的"来源"一栏显示"来自通讯录好友"，其实非常简单——只要对方在添加你之前，把你的手机号存入自己的通讯录，然后再添加你为好友就可以了。

所以，当有陌生人通过微信添加你为好友时，一定要注意提防，不要因为对方几句似是而非的话就被套路进去。尤其是在涉及钱财问题时，一定要通过语音、视频、电话等方式确认对方的身份，以防因被骗而遭受损失。

当发现对方的行为存疑时，可以直接点击聊天界面右上方的"···"选项（图3.16.6），进入后点击"投诉"（图3.16.7）一栏，根据提示选择相应的投诉原因对其进行举报（图3.16.8）。

图 3.16.6

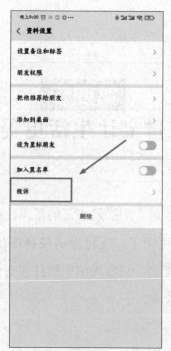

图 3.16.7

图 3.16.8

第四步
支付宝让生活更美好

在过去，出门带钱是人们必须牢记的常识。随着支付宝的兴起，这一常识已经变得可有可无了。支付宝的便利性让外出消费变得更加容易，出门没带钱包不要紧，只要掏出手机打开支付宝扫描收款二维码，即可准确支付商品的款项。

1. 注册支付宝，绑定银行卡

现在，无论是线上购物还是线下购物都离不开电子支付平台，而在诸多电子支付平台中，支付宝无疑是应用范围最广泛的电子支付平台之一。所以，谁如果还没个支付宝账号，那可就真的太 OUT 了!

如果你现在还没有支付宝账号，就赶紧拿出手机，一起来注册一个吧!

首先，打开支付宝 APP，进入登录界面后点击"新用户注册"（图 4.1.1）。

进入注册界面后，根据页面提示，填写手机号码并点击"注册"（图 4.1.2），然后手机会通过短信收到 4 位数的验证码（图 4.1.3），将验证码按照注册界面的提示输入到屏幕上的方框中，注册就顺利完成了。

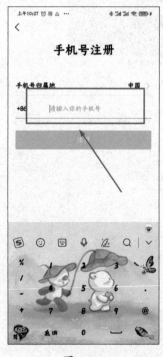

图 4.1.1

图 4.1.2

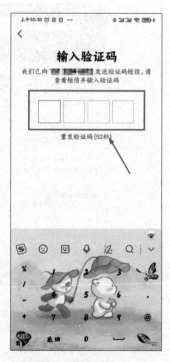

图 4.1.3

完成注册之后，我们还要把银行卡与支付宝账号绑定，这样才能正常使用支付宝账户进行支付。而在绑定银行卡之前，我们首先要进行支付宝的"实名认证"，完成这一步后才能绑定银行卡。

登录支付宝之后，点击界面右下角"我的"选项（图 4.1.4），进入界面后，点击支付宝头像（图 4.1.5）打开个人信息界面，然后选择"实名认证"选项（图 4.1.6）。进入后，根据界面提示完成个人信息的填写，并上传身份证件照片即可完成认证。

完成认证之后，就可以来绑定银行卡了。

回到支付宝"我的"界面，选择"银行卡"选项（图 4.1.7），进入后点击"添加银行卡"选项（图 4.1.8）。根据提示输入要绑定的银行卡卡号，或点击"拍照添卡"选项，直接通过手机摄像头拍摄银行卡来进

图 4.1.4

图 4.1.5

图 4.1.6

图 4.1.7

行添加（图 4.1.9）。

　　界面跳转后，根据提示输入银行预留手机号，点击"同意协议并绑卡"，等待手机收到验证码后填写并进行提交，这样就能成功绑定银行卡了。此时，可以点击"银行卡"对其进行管理（图 4.1.10）。

图 4.1.8

图 4.1.9

图 4.1.10

　　需要注意的是，输入银行预留手机号时，要输入的是办理银行卡时在银行留下的手机号码，该号码可以和注册支付宝账号时所使用的号码不一致。

2. 再也不用排队缴水电费

以前，每次缴水电费不是去银行，就是去专门的收费地点，遇到人多的时候还得排长队，真是麻烦不已。现在，只要有了支付宝，即便足不出户也可以缴水电费了。

下面，就让我们一起来看看要怎么操作吧！

首先，打开支付宝APP，在首页可以看到"生活缴费"这一栏目（图4.2.1），点击进入后可以看到各项不同的缴费服务。在"新增缴费"一栏（图4.2.2），点击"电费"图标，根据提示选择机构，然后填写"用户编号"（图4.2.3）等相关信息。

图 4.2.1

图 4.2.2

图 4.2.3

填写完毕之后再回到之前的界面，就能在"我的缴费"一栏看到电费缴费信息（图 4.2.4），直接点击进入之后，就能通过支付宝进行缴纳电费。具体缴费金额，需要我们自己输入（图 4.2.5）。

图 4.2.4

图 4.2.5

而且，通过支付宝的各项活动，还可能领取到数额不一的生活缴费红包，下次再通过支付宝缴纳水电费时都可使用。

缴纳水费的方式与缴纳电费一样，只需在进入"生活缴费"界面之后，选择在"新增缴费"一栏添加"水费"选项（图 4.2.6），根据提示填写完相关信息后（图 4.2.7），同样能在"我的缴费"一栏看到水费缴费信息，并进行缴费。

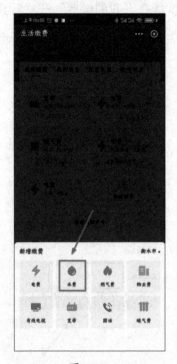

图 4.2.6

图 4.2.7

3. 手机充值很便捷

你平时是怎么给手机充话费的呢？购买充值卡，还是前往营业厅或话费代充值点缴费？这些都太麻烦啦！现在，只要打开支付宝，动动手指头就能轻松给手机充值，真是简单又便捷，还能享受数额不一的优惠哦！

首先，打开支付宝 APP，在工具栏中选择"充值中心"（图 4.3.1），进入充值界面。在"默认号码"一栏（图 4.3.2），默认显示的是本机号码，只要直接选择充值的金额，点击后就能进入充值界面（图 4.3.3）。

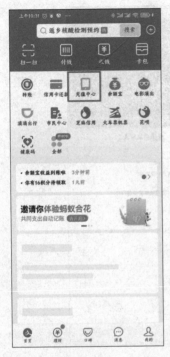

图 4.3.1

图 4.3.2

图 4.3.3

　　进入充值界面后（图4.3.4），可以根据个人需求选择"付款方式"（图4.3.5），如花呗、账户余额、余额宝或银行卡等。如果需要让别人帮忙支付，则可以点击"找朋友帮忙付"选项，界面弹出后输入对方的手机号码，将请求帮忙支付的信息发送给对方，也可直接将此信息发送给支付宝好友。

　　完成充值后，大约在10分钟以内，充值的话费就能顺利到账了。除了给本机充值之外，我们也可以用支付宝给其他手机号码充值。进入"充值中心"之后，在"默认号码"一栏输入要充值的手机号码，或者通过点击右侧的"通讯录"标志，从手机通讯录中直接调取要充值的手机号码，再按照以上步骤进行充值即可。

图 4.3.4 图 4.3.5

4. 善用收付款码，用钱更方便

现在，无论是去超市购物还是到菜市场买菜，几乎都可以用支付宝来结账。只要拿出手机打开支付宝扫一扫对方收款的二维码，或是出示自己付款的二维码让对方扫一扫，就能轻松结清账单，既方便又快捷，还省去了"找零"的麻烦。

那么，什么是收钱码和付款码？它们又有怎样的用途呢？

先说付款码

现在，很多超市和商店都使用支付宝结账。我们需要在手机上打开付款的二维码，让商家进行扫描完成付款，这个二维码就是我们说的付款码。

　　要找到付款码非常简单，只要用手机登录支付宝 APP，就能在上方第一栏中看到"付钱 / 收钱"这一选项（图 4.4.1）。如果你已经开启过付款码，那么在点击这一选项之后，上方出现的"向商家付钱"一栏下的条形码和二维码即为我们的付款码。

　　如果没有开启过付款码，点击"付钱 / 收钱"这一选项后，在"向商家付钱"一栏点击"立即开启"，并根据弹出的窗口安全提示验证密码或指纹，就能迅速开启自己的付款码了。

图 4.4.1

　　当然，如果你认为自己并不需要这项功能，也可以随时关闭。点击"向商家付钱"一栏右边的"…"，在弹出的选项中选择"暂停使用"，即可快速关闭付款码功能。

再说收钱码

　　支付宝的收钱码分为个人收钱和商家收钱两种，这里我们主要讲个人收钱码的使用。

　　进入"付钱 / 收钱"界面后，可以看到"向商家付钱"一栏下方有"收钱"选项。如果之前已经开启过收钱码，点击"收钱"选项后就能在界面中看到"个人收钱"一栏中显示的二维码（图 4.4.2），这个二维码就是自己的收钱码。

图 4.4.2

　　当别人需要给我们付款或转账时，可以出示这个收钱码给对方，对方通过扫描之后就能快速将款项转到我们的账户中了。款项金额的设置，可以在对方扫描时由对方自行填写，也可以由我们自己通过二维码下方的"设置金额"一栏（图 4.4.3）进行设置。

　　在收钱码右下方有"保存收钱码"这一选项（图 4.4.4），点击后可将收钱码保存到我们的手机相册中，之后如有收款需求，只需要打开相册找到收钱码就能迅速收钱了。

　　需要注意的是，在使用收钱码和付款码时一定要妥善保管好，尤其不能随便将自己的付款码通过任何形式发送给陌生网友，以免造成资金损失。

图 4.4.3

图 4.4.4

5. 收到的钱放余额宝，可以一直钱生钱

把钱存银行，活期利息太低，定期限制太多，有没有什么方法可以兼顾活期与定期的优点呢？答案是——有的！打开你的支付宝，把钱放到余额宝中不仅让你能够随时取用，还能一直让钱生钱。

余额宝是天弘基金旗下的一款货币基金，也是支付宝推出的一项余额增值服务。把钱放到余额宝里，就相当于购买了一份货币基金，每天都能实现钱生钱。而且，在使用支付宝付款时，我们也可以直接使用余额宝中的钱来进行支付，可比银行卡方便多了。

余额宝的开启非常简单，打开手机，登录支付宝客户端后，进入"我的"界面（图4.5.1），找到"余额宝"选项，点击后选择"马上体验余额宝"（图4.5.2），根据提示填写所需资料后，便能快速开通余额宝。

图4.5.1

图4.5.2

余额宝开通之后，只要登录支付宝客户端，就能在首页看到"余额宝"的图标（图4.5.3），直接点击这一图标，就能迅速进入余额宝的理财主页面。

在主页面中，可以直接看到余额宝账户的"总余额""昨日收益""累计收益"以及"七日年化（%）"等数据，点击"总余额"数据后，可以看到余额宝近3个月的资金流动明细（图4.5.4），方便我们随时查看账目。

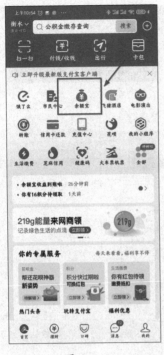

图 4.5.3

图 4.5.4

在主页面，有"转出"和"转入"两个选项，点击"转出"，可以将余额宝中的钱提取到银行卡或支付宝账户余额（图 4.5.5）。

在"转出"方式中有两个选择，一是"快速到账"服务，选择该项服务，转出的钱可以在 2 小时内到账，每天限额 1 万元；选择"普通到账"服务，则无限额，但钱款到账时间则为 2 天内。

点击"转入"（图 4.5.6）图标，进入新界面（图 4.5.7），可以将账户余额中的钱转入到余额宝内。也可点击"账户余额"选项，在弹出页面选择转账付款的银行卡，将银行卡中的款项转入余额宝内。

图 4.5.5　　　　　　　图 4.5.6　　　　　　图 4.5.7

6. 买保险做理财，动动手指就完成

　　手里有些闲钱，打算买份保险做做理财，给自己的晚年增添一些保障。可一想到市场上那些五花八门的保险理财产品，就让人头痛不已，找保险推销员又担心落入对方的语言陷阱，简直麻烦一大堆。

　　不过，没关系，现在有了支付宝，无论是买保险还是做理财，只要动动手指就能完成，还能有大把时间来仔仔细细地研究对比这些五花八门的保险理财产品，选择自己最感兴趣的项目。

　　先来说一说理财产品。

　　打开支付宝客户端，在下方位置找到"理财"选项（图 4.6.1），点击进入理财界面（图 4.6.2），找到"理财产品"选项点击进入（图 4.6.3）。

图 4.6.1

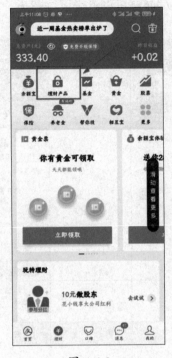

图 4.6.2

图 4.6.3

　　在理财产品界面中，系统会推荐一些理财产品，可以上下划动界面来进行查看。

　　根据不同理财产品的特性，系统将其分为两大类，一类为"稳健精选"类理财产品；一类为"增值优选"类理财产品。可根据自己的偏好和风险承受能力进行选择。

　　除了主页面显示的理财产品之外，还可点击各类理财产品后的"更多"，在新弹出的页面中选择自己满意的理财产品进行购买。如果有感兴趣的产品，直接点击就能查看具体信息，并根据提示进行购买（图 4.6.4）。

购买保险的操作与购买理财产品一样，在进入"理财"界面后，选择"保险"选项（图4.6.5），即可进入保险类产品选购页面，然后根据自己的需求选择保险产品就可以直接进行购买了。

图4.6.4

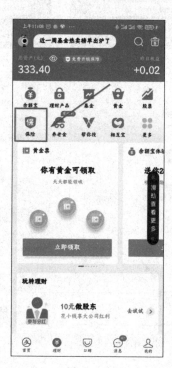

图4.6.5

7. 刷脸支付更便捷

出门在外想买瓶水，一摸口袋，发现钱包和手机都忘带了，怎么办？

别着急，如果你开通了支付宝的刷脸支付功能，那么，只要在支持刷脸支付的商家，即使没带钱包没拿手机也能够顺利完成支付。

那么，下面就让我们一起来开通支付宝的刷脸支付功能吧！

打开支付宝客户端，点击下方"我的"一栏（图4.7.1），选择界面右上角的"设置"按钮（图4.7.2），点击进入设置界面后再点击"支付设置"选项（图4.7.3），找到"生物支付"一栏（图4.7.4），点击进入后可以看到两个选项："指纹支付"和"刷脸支付"。点击"刷脸支付"的灰色按钮让其变为蓝色（图4.7.5），就说明该项功能开启了。同样，如果以后想要关闭该项功能，进入这一界面点击按钮关闭即可。

图 4.7.1

图 4.7.2

图 4.7.3

需要注意的是，只有支付宝账户进行过实名认证才能开通刷脸功能。

那么，开通了刷脸支付功能之后，要怎么使用呢？

首先，我们要先确定商家支持刷脸支付功能，自己的支付宝也开通了这项功能，那么，在结算时只需要根据提示进行"刷脸"就能完成支付。

图 4.7.4   图 4.7.5

　　通常来说，在不常光顾的店铺进行刷脸支付时，可能需要输入手机号进行安全验证。而在经常光顾的店铺则可能需要输入手机后 4 位号进行安全验证，甚至不需要输入手机号就能直接完成支付。

小贴示

支付宝的隐藏功能

　　除了用于日常支付和投资理财之外，支付宝还有很多非常实用的隐藏功能，可以大大方便我们的生活。

功能一：拍摄证件照

　　在日常生活中，办理很多事情都会需要用到证件照，而支付宝中就有拍摄证件照的功能。打开支付宝客户端，在上方的搜索栏中输入"证件照"（图 4.7.6），点击搜索后，出现一系列与证件照相关的服务，选择进入后就能根据提示上传编辑或拍摄自己需要的证件照。

拍摄或编辑完的证件照会保存在手机相册中，需要实体证件照还可以选择将其打印出来，简单又方便。

功能二：挂号就诊

每次身体不舒服，到医院就诊就得早起去排队挂号，一通折腾下来实在有些吃不消。其实，支付宝中有一项非常方便的功能，可以帮助我们用手机实现在线挂号。

打开支付宝客户端，找到"市民中心"（图 4.7.7），点击进入，选择"医疗健康"选项（图 4.7.8），点击打开后可以看到一系列的服务（图 4.7.9）。比如，你选择"预约挂号"服务，进入界面之后，就可以根据自己的需求进行在线挂号就诊。

功能三：回收旧衣物和旧家电

家里一堆旧衣物和旧家电，占着空间还没啥用，丢掉又觉得可惜，怎么办呢？就让支付宝来处理吧！

打开支付宝客户端，在上方搜索栏中输入"回收"（图 4.7.10），就能看到一系列的回收服务小程序。选择一个小程序，进入之后根据提示操作，就能把这些旧东西"变废为宝"。

除了旧衣物和旧家电之外，其他数码产品、书籍等都可以回收。

功能四：积分兑换优惠

在使用支付宝的过程中，我们会获得积分，这些积分可以通过积分兑换服务兑换一些优惠产品。

在支付宝客户端中选择"我的"，点击"支付宝会员"选项，进入（图4.7.11）界面。在这个界面，我们可以看到自己的积分数目，以及各种可以用积分兑换的优惠产品。

图 4.7.6

图 4.7.7

图 4.7.8

图 4.7.9

图 4.7.10

图 4.7.11

第五步
淘宝，只有你想不到，没有你买不到

网购，是随着互联网发展而流行起来的一大产业。由于网购的便利性、全面性以及更低的成本，让许多人改变了自己的购物习惯。

淘宝，是互联网上最大的网络集市之一，逛淘宝甚至成为许多人生活当中的一大乐趣。

1. 关联支付宝，注册账号

身在北方，却突然想吃南方的土特产；住在南方，却对北方的特色美食垂涎不已——很简单，打开淘宝开始选购，只有你想不到，没有你买不到！

现在，网购已经成为我们日常消费越来越广泛使用的一种方式，要网购，谁能少了一个淘宝账号呢？如果你还没有淘宝账号，就赶紧拿出手机来注册一个吧！

打开手机上的淘宝客户端，在下方点击"我的淘宝"（图5.1.1），进入登录界面后点击左下方的"注册"，进入注册界面后根据提示输入手机号码和验证码，再点击"下一步"，根据提示输入手机收到的短信校验码，继续点击"下一步"。

手机验证完成之后，还需要继续绑定一下邮箱。在弹出页面中，点击"使用邮箱继续注册"，然后在弹出页面中输入你要绑定淘宝账号的邮箱，继续点击"下一步"，并根据提示设置登录密码和用户名等信息。

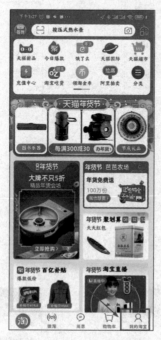

图 5.1.1

全部信息完成并提交确认之后，淘宝账号的注册就完成了。接下来，只要把注册的淘宝账号与自己的微信账号或支付宝账号关联起来，就能进行购物了。

登录淘宝客户端，点击右下角的"我的淘宝"，打开页面后点击右上角的"设置"（图 5.1.2），找到"账户与安全"选项（图 5.1.3），点击进入后可以看到"支付宝账户"这一栏（图 5.1.4）。如果我们注册淘宝账户和支付宝账户时所使用的是同一个手机号码，那么两个账号就已经是默认绑定。如果想绑定其他的账号，可以点击"支付宝账户"，再根据提示"更换支付宝绑定"（图 5.1.5）。

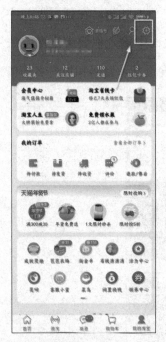

图 5.1.2

图 5.1.3

图 5.1.4

图 5.1.5

将淘宝账户和微信账户或支付宝账户绑定完成之后，我们就可以愉快地开启网上购物之旅了！

2. 搜索关键词，信息全知道

淘宝购物最大的便利在于，足不出户就可以轻松实现货比三家，找到最实惠的商品，然后下单购买。那么，如何才能做到这一切呢？

打开淘宝客户端（图 5.2.1），在上方的搜索栏输入你要购买商品的关键词（图 5.2.2），点击"搜索"按钮，就能找到所有标题中含有你搜索关键词的商品了。

图 5.2.1

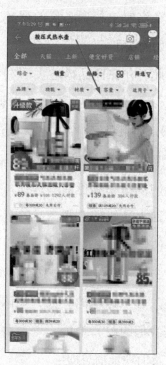

图 5.2.2

接下来，在其中找到你喜欢的商品并点击打开，在该商品的名称里选择几个有关商品描述比较重要的关键词，复制下来后，继续用这些关键词进行搜索。这样，我们就能在搜索页面中看到许多类似的商品，货比三家之后就能找到最实惠的货源，是不是很简单呢？

需要注意的是，在搜索关键词的时候，如果没有比较明确的目标，那么，在初次搜索时输入的关键词越少，能够找到的商品就越多。当然，如果你已经有明确的目标，可以直接输入比较详细的产品信息，马上就能找到自己心仪的商品。

3. 轻松付款，清空购物车

在淘宝上找到心仪的商品之后，就可以开始购买了。

此时，在商品描述页面右下角有两个选项："加入购物车"和"立即购买"（图5.3.1）。如果我们打算买的商品只有这一件，可以直接点击"立即购买"。如果商品有不同的规格和颜色需要选择，就会弹出一个页面来让我们选择商品的具体颜色和规格等信息（图5.3.2）。

具体信息选择完毕并确认提交之后，就进入确认订单的界面。在该界面，最上方是我们的收货地址，点击后根据提示添加收货的地址信息即可。

添加好收货地址后，可以在该界面查

图 5.3.1

看具体的商品信息，确认选择正确后，点击右下方的"提交订单"。

此时，付款界面会自动弹出（图5.3.3），根据提示选择支付方式，然后输入支付密码或完成指纹验证，即可完成付款。

图 5.3.2

图 5.3.3

如果你要购买多件商品，在选中目标商品之后，点击"加入购物车"（图5.3.4），然后根据提示选择好商品的颜色、规格等信息，提交确认。这样，你要购买的这件商品就被放入淘宝的"购物车"中，然后再继续寻找其他要买的商品。重复以上步骤，将需要购买的商品都统一放入"购物车"中。

商品全部选择完毕之后，回到淘宝主页面，点击下方的"购物车"选项（图5.3.5），就能看到我们所有添加到购物车中的商品。

选择好确定购买的商品之后，点击右下角的"结算"（图5.3.6），
就能进入订单提交页面，之后的操作就和直接选择"立即购买"一样了。

图 5.3.4

图 5.3.5

图 5.3.6

完成付款之后，就在家里坐等快递的到来吧！

4. 天猫超市隔日到

每次周末逛超市都是人挤人，如果超市离家太远还得大包小包搬回
家，一趟超市逛下来能让人累上半天。但有了淘宝之后就不一样了，只
要在家动动手指，就能轻松逛超市、选商品，坐等快递送上门！

打开淘宝客户端，找到"天猫超市"这一选项（图5.4.1），点击进
入之后，我们就可以开始"逛超市"了（图5.4.2）。

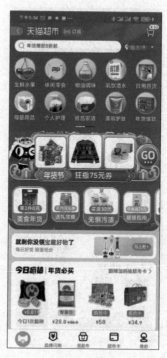

图 5.4.1 图 5.4.2

　　把所有想要购买的商品都加入"购物车"之后，在天猫超市首页点击右上角的"购物车"标志（图5.4.3），就能看到所有被加入购物车的商品信息（图5.4.4），选择好确定要购买的商品后点击结算，然后核对收货地址和商品信息再提交订单并付款，购物就完成了。

　　根据购物者所在地区的不同，天猫超市还提供了不同的配送服务。比如，有的地区提供"同城半日达"服务，即在天猫超市下单后可以保证当天送达；还有的地区则提供"同城1小时达"服务，即下单购买的商品在1小时内就会送达。通常，有该项服务的地区还能在天猫超市购买生鲜类产品，这跟真的去逛超市并没有什么区别。

图 5.4.3

图 5.4.4

5. 饿了么？懒得做饭就叫外卖

一日三餐顿顿自己做，难免有吃腻的时候，想换换口味又不愿意出门，怎么办呢？有"饿了么"可以叫外卖呀！

打开淘宝客户端，可以看到在搜索栏下面有很多分类服务，左右滑动来进行查看。在这些分类服务中找到"饿了么"，点击之后就能进入"饿了么"界面（图 5.5.1），可以开始叫外卖了。

如果已经想好要吃什么，就直接在上方的搜索栏中输入关键词进行查找。关键词可以输入具体的食物名称，也可以输入店铺名称。

进入目标店铺之后，找到你想吃的餐饮，点击该餐饮右下角的蓝色

"+"图标（图 5.5.2），就能把食物放入你的餐饮"购物车"了。全部选择完毕之后，点击页面右下角的"去结算"，根据页面信息核对详细地址，然后点击"提交订单"，完成付款，然后就坐等外卖小哥将美食送上门啦！

点单之后，如果不放心，我们还可以通过"饿了么"订单后台随时查看外卖小哥送餐的位置。

在"饿了么"界面的下方找到"订单"选项（图 5.5.3），点击打开后就能进入订单界面，查看我们下的订单。找到目标订单，点击进入之后，就能通过地图实时"监控"外卖小哥的位置了。

图 5.5.1

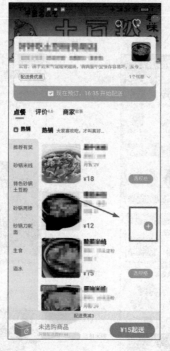

图 5.5.2

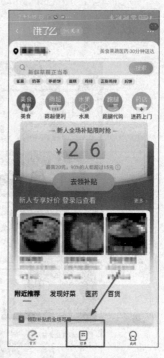

图 5.5.3

6. 闲鱼，帮你处理闲置物品

自从有了淘宝之后，一不小心就染上冲动购物的毛病，看着一堆堆购买后又根本用不完的商品，可真是愁人得很！幸好，淘宝可以买东西，而且还能卖东西，动动手指清理闲置，腾出空间的同时还能给钱包"回回血"。

淘宝上怎么卖东西呢？这就交给"闲鱼"吧！

在淘宝客户端首页的服务中找到"闲鱼"图标（图5.6.1），点击进入闲鱼主页（图5.6.2）。为了能够使用更齐全的功能，可以根据提示下载闲鱼客户端。

图 5.6.1

图 5.6.2

通过客户端跳转进入闲鱼主页后，可以看到三项服务："新鲜捡漏""同城闲置"和"闲鱼租房"（图 5.6.3）。

如果你要转卖的物品是从淘宝上购买的，可以直接点击闲鱼中的"我的闲置"，就能看到所有通过淘宝购置的物品（图 5.6.4）。在选好要转卖的物品后，点击"转卖到闲鱼"，也可以点击"发布闲置"（图 5.6.5），并对商品转卖的价格以及运费进行编辑，确认后点击"确认发布"，商品转卖信息就发布成功了。

图 5.6.3

图 5.6.4

图 5.6.5

如果你要转卖的物品不是从淘宝上购入的，那么就选择"发闲置"，然后根据提示，通过相册或直接拍摄要转卖的物品照片，并编辑具体的物品信息，包括文字描述和价格、运费等（图 5.6.6），编辑完成后直接点击右上角的"发布"按键，就能完成物品信息的发布了。

图 5.6.6

当然，闲鱼上除了能转卖二手商品之外，还能购买别人转卖的二手商品，直接通过闲鱼首页上方的"搜索栏"输入关键词查找商品即可，操作与在淘宝购物一样。

7. 东西到哪了？菜鸟包裹告诉你

买完一堆东西之后，就开始天天盼着收快递，真是让人心痒又煎熬——网购毕竟是"虚拟交易"，下了单、付了款，却不能立刻把商品拿到手，着实有些不放心。那么，不妨来菜鸟包裹看一看，可以随时监控你的商品物流信息，让商品"永不失联"。

在淘宝客户端搜索栏下的服务内容中找到"菜鸟"，点击进入菜鸟包裹首页（图 5.7.1），在这里，我们可以轻松看到自己的收件信息和寄件信息等内容。

图 5.7.1

找到要查询的商品物流信息，直接点击打开，就能看到该商品的详细物流信息，以及预估送达时间。

通过菜鸟包裹下单寄件，还能让快递小哥免费上门取件，是不是特别方便呢？

此外，如果你有多个手机，并且使用过不同的手机号码下单购物，那么，只要在菜鸟包裹中添加你的手机号，就能查询到所有相关的物流信息。

　　在菜鸟包裹首页的下方点击"我的"（图 5.7.2），进入界面后选择"手机号管理"（图 5.7.3），打开界面后点击"添加更多手机号"（图 5.7.4），然后根据提示把你使用的所有手机号都添加进去就可以了。

图 5.7.2

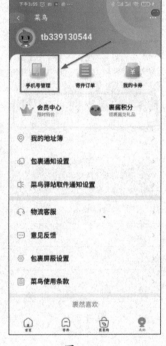

图 5.7.3

图 5.7.4

小贴示

带你了解"淘宝特价版"

在淘宝购物时，打开所选商品的页面描述，能在"活动"一栏看到"领现金红包，特价版专用"这样的描述。这里说的"特价版"，其实就是"淘宝特价版"。

淘宝特价版，是淘宝为了跟其他电商平台竞争而推出的一个购物 APP。打开淘宝特价版，就会发现该 APP 与其他电商平台有很多相似的地方，比如"天天领红包""1 分钱拿走""5.9 元包邮"等。淘宝特价版的一大特征就是——便宜。

简单来说，与淘宝相比，淘宝特价版主要聚焦于低价商品，推出的活动也是以"低价""实惠"为主，在具体操作方面与淘宝购物没有什么区别。

第六步

京东，今天买的明天到，上午买的下午到

网上购物最大的特点是方便、快捷，大家随时随地就可以通过手机中的购物 APP 进行搜索，找到自己喜欢的物品来下单，然后就等快递小哥送货上门了。

今天买的明天到，上午买的下午到。在众多电商购物平台中，京东以快捷的送货方式受到了众多用户的青睐。

1. 注册账号，绑定银行卡

网上购物，货比三家少不了。除了淘宝之外，还有很多购物网站也是暗藏宝藏，不信的话就来京东看一看吧！

首先，打开手机上的京东客户端为自己申请一个账号，开启京东购物的第一步。点击京东 APP 右下角"我的"界面，在左上角找到用户"登录 / 注册"（图 6.1.1），点进去打开登录页。

此时，我们可以选择"微信快捷登录"，

图 6.1.1

就是用我们的微信号来作为登录京东的账号。如果用这种方式登录，一定要记得阅读并勾选屏幕最下方的"东京隐私政策"，这样才能顺利登录。

当然，我们也可以直接点击屏幕下方的"新用户注册"，来为自己注册一个新的京东账号。

点击"新用户注册"，屏幕会弹出一个"注册协议及隐私政策"，阅读后点击"同意"，正式开始注册流程。在注册时，如果我们打算使用本机号码进行注册，可以点击屏幕上的"本机号码一键注册"，同样需要勾选屏幕下方的"使用手机号码一键登录即代表您已同意《京东隐私政策》和《中国××认证服务条款》并使用本机"，之后再根据提示进行操作验证就能注册成功。

当然，也可以用其他手机号码来进行注册。在注册界面选择"其他手机号注册"，然后输入手机号码，根据提示进行验证之后就能注册成功。

账号注册成功之后，我们还需要绑定银行卡，这样才能进行正常的购物和付款。

首先，用新注册的账号登录京东手机客户端，点击右下角"我的"菜单（图6.1.2），找到"我的钱包"（图6.1.3），点击进入后在"我的资产"一栏中点击"银行卡"选项（图6.1.4），在打开的界面中点击"添加银行卡"（图6.1.5），之后只需要按照提示输入具体信息，即可成功绑定银行卡。

图 6.1.2

图 6.1.3

图 6.1.4

图 6.1.5

2. 搜索关键词，注意京东自营和第三方店铺

想要买什么，手指动一动输入关键词，想要的商品类别就能一目了然了，这就是网购最大的便利之处。

在京东上购物和在淘宝上购物，操作上并没有太大区别，同样需要在首页最上方的搜索栏（图 6.2.1）输入自己所需商品的关键词，就能搜索到所有含该关键词的商品描述，然后再从中找到自己最满意的，直接点击，就能打开商品详情页（图 6.2.2），进一步了解该商品的信息。

图 6.2.1

图 6.2.2

如果确定是自己需要购买的商品，可以直接点击屏幕右下方的"立即购买"（图6.2.3）来下单，或者点击屏幕下方的"加入购物车"，先

把商品暂时添加到购物车，等所有商品选购完毕之后再一起结账付款。

如果暂时不确定是否必须购买该商品，可以点击商品标题右边的"收藏"（图 6.2.4），将本商品添加到自己的收藏夹中。之后想再找该商品时，只需打开首页右下方"我的"界面，找到"商品收藏"（图 6.2.5）一栏，打开之后就能直接进行查看。

图 6.2.3

图 6.2.4

图 6.2.5

京东有一大特色，非常值得大家注意，那就是"京东自营"。京东商城的商品来源分为两种，一种是京东自营，也就是商家是京东商城，快递与服务也是京东自家的，快捷便利；另一种是非京东自营，类似于商场中的"柜台外租"，由一些第三方店铺组成。

后者和其他电商平台上的各类商家店铺差不多，相当于是"租赁"京东这个平台来开店做生意；而前者则属于京东自己运营的店铺，各方面都有一定的官方保障。如果你实在无法从鱼龙混杂的各类店铺中辨别出真正的好货，不妨了解一下"京东自营"，让官方来帮你把把关。

如何分辨哪些商品是"京东自营"呢？非常简单，当我们在京东搜索商品时，有的商品在标题下方会有一个"自营"的标签（图 6.2.6），凡是带有"自营"标签的商品均是出自京东商城的官方自营店。

图 6.2.6

3. 京东生鲜，买菜也简单

说起来，在日常生活中我们最常购买的物品，其实还是菜、肉、鱼、水果等生鲜类。可这类产品往往很难进行长途快递运输，那是不是只能继续逛菜市场了呢？当然不是，想要方便购买生鲜产品，现在就来了解一下"京东生鲜"吧！

首先，在手机上打开京东客户端（图 6.3.1），找到屏幕中间的各项分类服务，通过左右划动找到"京东生鲜"（图 6.3.2），点击进入该界面。

图 6.3.1

图 6.3.2

打开京东生鲜界面后，可以看到下方有各项商品的分类（图 6.3.3）。我们可以根据自己的需求直接点击分类栏去寻找需要的商品，也可以通过屏幕上方的搜索栏输入所需商品的关键词进行搜索（图 6.3.4）。

因为生鲜类产品比较容易损坏，所以某些产品在某些地区是不支持销售的。当你点击打开某件商品的详情页时，如果在屏幕下方看到"该

图 6.3.3

图 6.3.4

商品在该地区暂不支持销售，非常抱歉"的字样（图 6.3.5），就说明你所在的地区不能购买该商品。

此外，在京东生鲜的首页上还有一个名为"限时抢购"（图 6.3.6）栏目，推荐的都是一些价格比较实惠的商品，如果有需要可以了解一下。

需要注意的是，由于生鲜类产品天然具有易破损、易腐坏等特点，所以京东生鲜还推出了"即刻赔"和"优鲜赔"等售后服务。收到商品时，你要当场开箱验货，如果出现问题，配送员可当场进行处理赔付；当然，如果不方便当场验货，在商品签收后的 48 小时之内，也是可以通过手机客户端发起售后申请的。

图 6.3.5

图 6.3.6

4. 一小时到家，购物再也不怕雨雪天

网购虽方便，时间却是硬伤。有时候可能就缺一瓶酱油一瓶醋，几块豆腐几块肉的，总不能还指望网购后等个两三天吧？

如果你发出这样的疑问，那么，想必你一定不知道"京东到家"吧？此口号是：只需一小时，把你买的东西全送到！

"京东到家"，提供的是本地的即时零售服务。简单来说，这就好比一个本地的线上超市，我们采购的商品都来自于当地的商家，采购完成之后，商家即时进行配送，一小时以内就能送货上门，再也不用顶着太阳、冒着风雪去逛超市了。

　　首先，打开手机上的京东客户端，在"京东超市"服务栏中找到"一小时达"图标（图6.4.1）。打开界面后，直接在搜索栏中输入我们需要购买商品的关键词进行搜索（图6.4.2），也可以通过屏幕中间的不同分类来选择想要查看的本地商家，如"超市"。点击进入后，就能看到所有和京东到家有合作的本地超市，选择自己感兴趣的直接点击进入，就能进行商品的选购。

　　商品下单之后，如果有任何问题，可以打开"京东到家"界面下方的"订单"选项（图6.4.3），找到我们刚下的订单后点击进入，直接跟配送员或商家联系。如果订单配送完成后出现问题，也可直接在该页面"申请售后"进行处理。

图 6.4.1

图 6.4.2

图 6.4.3

5. 钢镚和京豆也是钱

网购就讲求一个实惠，除了明面上的价格优惠之外，还有许多隐藏的"羊毛"等着我们去"薅"。比如京东的"京豆"和"钢镚"，那都是在购物时可以直接当钱用的！

先来说说京豆。

京豆，是京东购物的奖励，根据用户所购商品的价值，京东会赠送相应的"京豆"。而"京豆"也可以按一定的比例兑换成钱，应用在付款中。当然，除了购物返京豆之外，还有许多方法都能让我们获得京豆。下面就一起来看看吧！

图 6.5.1

打开手机上的京东客户端，在分类服务一栏中找到"领京豆"（图 6.5.1），点击进入之后，可以看到在该页面最上方有"完成 5 个任务，领额外京豆奖励"的字样（图 6.5.2），该字样下的各项任务都可以帮助我们获得京豆。

其中最简单方便，也最常用的就是"签到"。直接点击"签到"选项，就可领取京豆，但签到完成后不要急着离开页面，还可以继续点击"双签领豆"，进入界面后，根据提示点击"去京东金融 APP 签到"，完成后即可领取双签奖励。

签到完成后，如果有时间可以继续根据"领京豆"页面的提示，通过各项任务或小游戏获取京豆，获得的京豆在购物结算时可以抵扣一部分现金来使用。

图 6.5.2

需要注意的是，商品对京豆的使用是有要求的，有些商品不可以使用京豆，有些商品对京豆的数量也是有要求的。而且，一般情况下，在满 1000 京豆的情况下才可以使用京豆。

再来说说钢镚。

钢镚和京豆一样，也可以抵扣现金来使用。但目前，钢镚只有在京东金融和京东股票 APP 中才能获得，这里就不详细说了。

6. PLUS 会员，1 元钱也包邮

为了留住客户，许多平台都推出能够享有不同优惠的会员制度，京东也不例外。如果你经常在京东购物，那么 PLUS 会员一定要了解一下。

打开手机上的京东客户端，在服务栏找到"PLUS 会员"（图 6.6.1），点击进入后，就能直接在页面上方看到加入 PLUS 会员可以享受到的各项优惠服务。

浏览页面之后，如果你对这些优惠感兴趣，可以直接点击页面最上方"PLUS 京典卡"一栏后的"立即开通"（图 6.6.2），进入界面后，根据需求进行"卡种选择"（图 6.6.3），根据时长的不同可以选择开

图 6.6.1

图 6.6.2

图 6.6.3

通月、季、年卡等，选择完毕后点击"立即支付"完成付款（图 6.6.4），即可开通会员。

此外，京东还与很多应用都进行了合作，设置了"PLUS 联名卡"，让我们可以用联名卡进行省钱的多会员开通。

联名卡的开通也很简单，只需要在 PLUS 会员的界面，"PLUS 京典卡"一栏下方左右划动找到想要开通的联名卡，点击进入后直接选择"开通联合会员"选项（图 6.6.5），完成付款后就可以开通联名卡了。

图 6.6.4

图 6.6.5

PLUS 会员开通后，我们就可以获得更多的权益，比如会员价专享、全品类、免费退换货、专属购物节、读书会员、生活特权、专属客服、健康特权及各种打折优惠。

7. 购买的物品不满意，上门退货

很多人对网络购物不放心，最大的原因就在于担心商品出现问题之后无法处理。其实，这样的担心完全没有必要，因为很多购物平台都有提供"无理由退换货"的服务。

那么，在京东购物要如何进行退换货操作呢？

打开手机上的京东客户端，点击右下角"我的"（图6.7.1），进入界面后选择"我的订单"选项（图6.7.2），打开"我的订单"之后，可以看到不同订单状态的分类（图6.7.3），根据订单状态选择相应的一栏，找到我们要发起退换货服务的订单。

图 6.7.1

图 6.7.2

图 6.7.3

如果该订单还未收到货，在进入订单之后直接点击下方的"申请退款"，即可进入售后流程——在打开界面中，根据提示填写具体信息，然后直接点击下方的"申请退款"确认发起退款即可。通常来说，京东的退款处理是比较迅速的，如果你是会员，还能享受到即时退款服务。

如果该订单已经收到货，但是查看商品后感觉不满意，在没有损毁商品的情况下同样也可以发起退换服务。先找到相应的订单，然后点击订单下方的"退换 / 售后"选项（图 6.7.4），进入界面后，找到需要退换的具体商品，点击后方的"申请售后"。在界面中打开"选择售后类型"中的"维修"（图 6.7.5），打开维修页面，然后在"申请原因"的描述框中对维修要求做详细描述（图 6.7.6），并上传商品图片。

图 6.7.4

图 6.7.5

图 6.7.6

　　最后，在"返回方式"中直接选择"上门取件"，就可以在家等待京东物流上门来取件。当然，你也可以选择"送货至自提点"这一选项，那么，就需要你将商品送到指定的自提点。

　　等商家收到返回的商品并检查无误之后，退款退货就彻底完成了。如果有问题，也可以直接与京东客服联系，让客服介入来处理。

小贴示

京东白条代付功能

　　开通信用卡太麻烦，又羡慕别人可以"先花未来的钱"，怎么办呢？那就不如试试"京东白条"吧！先买东西后付款，中途出现退换货需求，也不会影响到我们正常的资金流通，是不是很心动呢？

　　如果你有兴趣，就打开手机上的京东客户端，一起来看看"白条"到底是什么吧！

　　打开京东首页右下角"我的"界面，进入"我的钱包"，在"金融服务"一栏下找到"白条"，直接点击进入就能了解"京东白条"的各项功能。如果有兴趣，可以在该页面直接开通。

　　京东白条与支付宝的花呗非常相似，开通了白条功能之后，我们就可以先以白条付款来进行购物，到指定日期再还款就行了，其间不会有任何费用。当然，如果因为资金紧张一时还不上，也可以选择分期还款，这需要缴纳一定的利息。

　　此外，使用白条付款还能享受很多优惠，比如定期发的一些福利和消费券等。

第七步
拼多多，没有最便宜，只有更便宜

拼多多是拥有很多受众群体的电商平台，它的技术开发人员不仅不停地完善电商平台，还开发了很多应用程序，比如与朋友、家人、邻居等的拼团，还可以通过"砍价 0 元获得好物"等。

拼多多主要是以拼团的形式购物，目的是凝聚更多人的力量，用更低的价格购买到更实惠的商品。

1. 用你的微信账号登录

微信里常常能收到朋友发送过来的各种"帮砍价"信息，今天要你帮忙"砍一砍"，明天要你帮忙领一领红包，好像天天都有不同的优惠活动似的。这就是拼多多，一个拼团购物平台，价格低到让你想象不到！

拼多多拥有一个最便捷的登录方式，那就是微信账号登录。

手机下载"拼多多"的客户端后，点击打开进入拼多多主页面，找到右下角的"个人中心"选项（图 7.1.1），点击进入后，直接点击页面最上方的"点击登录"（图 7.1.2），在弹出页面中点击"微信登录"（图 7.1.3），拼多多会向微信申请账号登录，在界面中点击"同意"之后，我们的微信账号就和拼多多绑定了，以后只需要用微信账号就能直接登录拼多多进行购物。

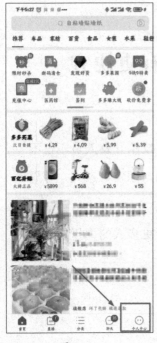

图 7.1.1

图 7.1.2

图 7.1.3

为了保证账号的安全，在账号登录最初，页面通常会主动跳出"绑定手机号"的窗口，如果想绑定本机号，可以选择"本机号码一键绑定"（图 7.1.4）。

如果不想使用现在登录页面的手机号，可以点"切换手机号"来添加其他手机号进行绑定（图 7.1.5）。

点绑定后会跳转到"输入验证码"窗口（图 7.1.6），用户输入手机号并接收到验证码便可以快速绑定，以此来保护账号的安全。

图 7.1.4　　　　　　　　图 7.1.5　　　　　　　　图 7.1.6

2. 玩转拼多多首页板块，低价淘好物

拼多多的首页分为众多板块，除了基本的购物板块之外，有些板块比较有趣，比如"多多买菜""限时秒杀""断码清仓""多多果园""百亿补贴"等，点击进入这些板块，都可以通过各种渠道来达到低价拿到好物的目的。

下面，就让我们一起来分享一下拼多多平台这些特色板块吧！

板块一：便宜便捷的多多买菜

打开拼多多客户端，可以在首页看到"多多买菜"这一板块（图7.2.1）（如果找不到，可以在搜索栏输入"多多买菜"查找）。

　　一般情况下，刚进入这个板块都会有"红包""买菜金"等信息跳出来（图 7.2.2），这也是拼多多的特色之一——很多板块进入后都会有"抽奖""红包""礼券"等，直接点击收下就可以了。

　　接下来，就可以在界面中选择自己需要的物品，查看详情后点"购物车"加入购物车（图 7.2.3）。商品全部选择完毕之后，点击左下角的"购物车"标志，打开购物车后进行批量付款即可。

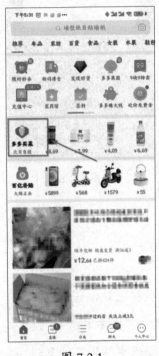

图 7.2.1

图 7.2.2

图 7.2.3

板块二：限时秒杀和断码清仓

　　拼多多的开发者以"拼团"来实现低价（图 7.2.4），所以，无论是限时秒杀还是断码清仓，都是以拼团的形式来获得比其他购物平台更低的价格。但是，用户在使用时一定要看清物品的品质，毕竟官方对所有商品不能实现件件筛选。

限时秒杀针对的是一些活动中的商品低价，是限时且限种类的。

断码清仓中会有一些品牌特价，只是码数不全或者库存量较小。

图 7.2.4

板块三：自力更生的多多果园

"多多果园"可以说是一款游戏类板块，点击进入之后（图 7.2.5），可以看到一个种树的画面，用户可以通过选种、种树、浇水来使果树长出水果，直至水果成熟便可以将水果抱回家了。

在种树过程中，需要给果树浇水、增加养分，用户可以通过"领水滴""领化肥"和"水滴娱乐"等获得化肥和水（图 7.2.6）。

除此之外，多多果园还链接了"多多农场"（图 7.2.7），用户可以通过种菜来获得好物或者化肥、水等。

图 7.2.5　　　　　　　　　图 7.2.6　　　　　　　　　图 7.2.7

板块四：百亿补贴

"百亿补贴"板块，是拼多多上非常受欢迎的一个板块，可以直接通过首页找到该栏目点击打开（图 7.2.8），也可以在首页的搜索栏直接输入"百亿补贴"搜索打开进入（图 7.2.9）。

这个板块主要售卖的是一些高品质的大牌产品，并且会不定时、不定种类地出现补贴价格，让消费者可以以较低的价格买下更多好物。

板块五：多多直播

现在直播带货的平台并不少，当然拼多多也不会放过这个时机。通过直播，我们可以更清楚地了解到想要购买的商品究竟是什么样子，而且直播间里的优惠往往也会比直接在店铺购买要更多。

图 7.2.8　　　　　　　　　　　　　　图 7.2.9

　　打开拼多多客户端，点击最下方的"直播"（图 7.2.10），就能进入拼多多的直播平台（图 7.2.11），我们可以根据自己的喜好选择感兴趣的直播间进入。

　　在直播间里，如果有问题想要询问主播，可以通过下方的"跟主播聊点什么……"发起提问（图 7.2.12）。

　　如果有想要购买的商品，直接点击直播间右下角的"小红箱"（图 7.2.13）就能打开商品页面，找到相应商品直接下单即可。

图 7.2.10

图 7.2.11

图 7.2.12

图 7.2.13

3. 亲友砍一刀，好物免费得

砍价是拼多多中很受欢迎的板块，拼多多的砍价活动可以说是一种自我推销手段，而很多用户从这种自我推销活动中得到了好处，可以0元将很多好物拿回家。

想要免费获得商品，打开拼多多，先在首页找到"砍价免费拿"点击进入（图7.3.1）。此时，会跳出浮动红包——"限时抽大奖，商品免费拿"（图7.3.2），点击打开。一般红包会抽中"一刀砍成卡"（图7.3.3），便可以点击下方"去挑选商品免费拿"按钮，进入商品页选择喜欢的商品（图7.3.4），然后填写收货地址（图7.3.5）。这里还有个小惊喜，首次进入还会抽中砍价神器等（图7.3.6）。

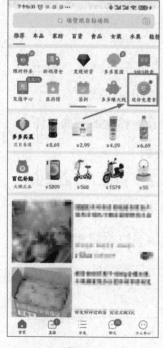

图 7.3.1

图 7.3.2

图 7.3.3

图 7.3.4

图 7.3.5

图 7.3.6

选中商品后，在"成功页"中找到"点击使用直接免单卡，加速免费拿"（图7.3.7），进入砍价。此时，如果你之前帮好友砍过价，会自动砍掉一些；可以使用神器砍掉一些；可以通过看视频砍掉一些（图7.3.8）……之后，便可以进入好友帮砍的重要砍价过程了。

打开"砍价免费拿"，出现自己想要0元得的商品，点击下方的"分享"按钮，然后复制口令，在微信上粘贴，请好友帮助砍价。这是，好友点开链接帮你砍价，直到价格砍到0元时便可以填写收货地址，等待好物到货了。

图 7.3.7   图 7.3.8

4. 低价出行票，对比就知道

火车票是每个购物 APP 都会提供的服务，在拼多多购买火车票，你可以先领取火车票的购物券，用最低的价格拿到出行票。

打开拼多多，点击主页右下角的"个人中心"，找到"火车票"图标并点击打开（图 7.4.1），在弹出的红包界面领取购票红包。

在输入栏里，输入你的出发站和到达站查看车次（图 7.4.2），根据需要选择合适的车次。

点击想要购票的车次，在弹出的界面里选择类型购票（图 7.4.3），会发现"下单省 × 元"的标志。

除了火车票外，用户也可以使用拼多多来购买低价机票。

图 7.4.1

图 7.4.2

图 7.4.3

5.多多爱消除，娱乐省钱两不误

消消乐是一种老少皆宜的游戏，拼多多中的"多多爱消除"就是一款既好玩又可以赚到钱的小游戏，通过一个个关卡赚到一笔笔购物金。

打开拼多多，在个人中心找到"多多爱消除"（图 7.5.1），点击进入。在新界面会跳出浮动红包（图 7.5.2），点击"去闯关"进入闯关卡（图 7.5.3）。

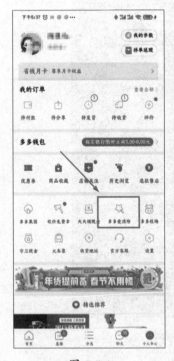
图 7.5.1

图 7.5.2

图 7.5.3

进入游戏后，按照游戏教程完成游戏（图 7.5.4）。当闯过一关时，此关的星星就会亮起来（图 7.5.5）。在闯关过程中，会有现金存入"现金储蓄罐"，积攒到一定的关卡就会得到相应的现金。

无论是拼多多平台的哪款游戏，都是相互关联且有许多种获得金币、红包、优惠券的机会，在使用中可以处处留心，总能达到省钱的目的。

图 7.5.4   图 7.5.5

小贴示

其他好用购物平台推荐

唯品会跟淘宝、京东相比，商品的数量的确不够多，覆盖面也不够广。但是，唯品会的入驻商家经常会在平台上销售一些断码、缺色的商品。这样的商品有较大的折扣力度，没事去唯品会逛逛，也许能找到自己心仪的商品，然后用非常低廉的价格买到。

苏宁易购同样是不错的购物平台，作为以电器为主打商品的销售商，最大的优势在于线上与线下并行。许多城市都有苏宁易购的门店，在网上平台看上了什么商品，如果对于商品质量、真实外观等方面不放心，不妨去门店看看实物。

第八步
随身地图，保你不迷路

现在，最常用的手机地图 APP 运营商是高德和百度，它们都是免费地图导航产品，也是基于定位位置的生活服务功能较全面、信息最丰富的手机地图。下面，我们以高德地图为例，看一下如何利用手机地图来玩转生活。

1. 一步注册，自动定位

下载高德地图后，第一步先要完成注册，让自己成为高德地图的一个用户，便可以快速拥有高德所带来的服务。成为正式用户后，可以保存你的常用设置，即便将来更换了手机，只要登录账号就可以找回自己最习惯的操作方式。

高德地图安装完成后，点击主页下方"我的"选项进入登录页（图8.1.1）。在登录页面上，最简单的登录方式就是用本机号一键登录，直接点击"一键登录"（图 8.1.2），在弹出的验证码栏中填上短信中收到的验证码。如果想运用其他方式注册，可以在下方选择"支付宝""淘宝""微信""QQ"及"微博"等已经安装的第三方账号注册，高德就会通过第三方获取你的相关信息直接完成注册。

图 8.1.1

图 8.1.2

　　注册完成后，高德平台会分配给用户一个随机的用户名（图 8.1.3），如果你不介意可以继续使用。如果想更改的话，点击随机分配的用户名，打开"个人资料"页（图 8.1.4），在此处可以更改"头像""昵称"，设置"性别""年龄"等，也可以通过这里查看你在此平台的等级、成就。

　　注册完成后，系统会根据手机定位获取你所处的位置——打开高德首页出现的地图，便是你所在地区的地图（图 8.1.5），而且此地图会随着你所处地区的不同而进行切换。

　　你还可以通过点击首页下方的"附近"按钮来获取所处位置的很多信息，如美食、酒店、景点等（图 8.1.6）。

图 8.1.3

图 8.1.4

图 8.1.5

图 8.1.6

当然，高德地图除了能定位用户所在的位置之外，也可以更改位置查看其他地方的地图。点击地图下方的搜索栏（图 8.1.7），在搜索框中输入要搜索的城市或者景点名称，确定后便可以切换到当前位置的地图。

智能手机中各种应用中涉及图片的内容，大多可以使用两指向外放大、两指向内缩小的手势操作，高德地图也不例外。

地图因为其不同的用处，也会有不同的主题，例如卫星地图、公交地图等。在地图界面的右上角有分层图案的图标（图 8.1.8），点击此图标，就可以从选项中改变地图的主题。

图 8.1.7

图 8.1.8

2.输入目的地，所有方案都给你

"条条大路通罗马。"我们的出行也是这样，往往有很多条路线可以选择，而不是一条路走到底。

每条路都有自己的特点，都有自己的优势，至于选择怎样的出行方案，最终的选择权还是在你的手中。而如何找到这些选择呢？除了那些本地的老司机外，恐怕只有导航地图才能给你提供答案了。

想要获得不同的出行方案，我们先打开地图应用，在搜索栏输入出行的目的地后，点击搜索栏最后的"搜索"按钮（图 8.2.1）。

在出现的众多结果当中，选择那个你要去的地方（图 8.2.2），点击

图 8.2.1

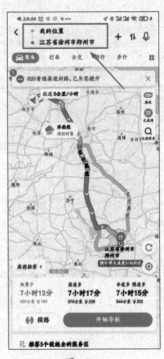

图 8.2.2

　　地图最下方的"路线"按钮（图 8.2.3）。此时，在地图上会有一条绿色的路线，连接你所在的位置和刚才输入的目的地（图 8.2.4）。这一条绿色的路线，就是导航给出的推荐路线。但是，推荐路线就是最好的吗？那可不一定。

　　此时，在地图的下方还会给出另外几种方案。或许是按照"拥堵程度"来排序，或许是按"最多人走""路程最短""用时最少"的方式排序（图 8.2.5）。最短的路未必用时最短，用时最短的路未必安全，最多人走的路也一定有自己的优缺点。最后，根据自己当时的需求做出选择，找到最合适的路线才是导航地图的意义。

图 8.2.3

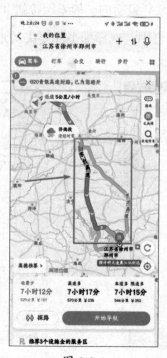

图 8.2.4

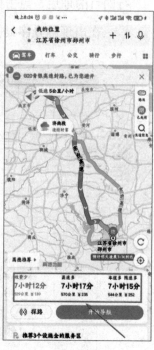

图 8.2.5

3. 目的地都有什么好吃、好玩的？打开周边就知道

有些时候，出行不是漫无目的，旅游还好说，如果是工作出差，不仅在目标地点有事情要做，停留时间过长可能还有生活当中的其他问题要处理。那么，如何在一个不熟悉的地方找到我们想要的东西呢？地图导航应用同样能帮你做到。

打开高德地图，在搜索栏中输入目的地，点击搜索。在新界面中，左下方会出现写着"周边"二字的放大镜图标，点击该图标就会进入周边菜单，可以提前查看目的地的美食、酒店等信息。到达目的地后，打开高德地图，直接点击下方中间的"附近"（图 8.3.1）图标，你想了解周边的一切环境都会出现。

图 8.3.1

　　在新菜单当中，有日常生活所需要的各种店铺标签，想要寻找哪一类，只要点击即可进入。例如，我们要找一家餐厅，只需要点击"美食"图标（图 8.3.2），周边的餐厅就会按照距离远近被排序出现（图 8.3.3）。

图 8.3.2

图 8.3.3

　　进入你想去的店铺页面后，在店铺介绍的右下方就可以找到"地图"和"电话"这两个图标（图 8.3.4）。点击"地图"（图 8.3.5），该店铺的位置就会在地图上显示出来；点击"电话"，则会打开拨号界面，可以拨打餐厅留下的电话号码（图 8.3.6）。想要预约用餐时间或者询问，都非常便利。

图 8.3.4   图 8.3.5   图 8.3.6

4. 喜欢徒步？导航帮你开启新地图

徒步是许多人的爱好，特别是刚刚来到一个新环境，在周围走走，无论是人或事都能给人足够的新鲜感。我们可以随便徒步去一个陌生的地方，但不容易找到回家的路，此时地图就能告诉你。

打开地图应用，点击页面中的"路线"按钮（图 8.4.1），输入目标地点、设定好路线后，地图上就会出现我们当前距离到目标地点的路线。在搜索栏的下方，有可以选择出行方式的图标（图 8.4.2），点击"步行"，再点击右下角的"开始导航"（图 8.4.3），地图就会为你的步行路线开始导航了。

步行导航图会标注出周围的各种店铺，小到水果店、便利店、理发店，大到楼盘、公园，都会出现在地图中（图 8.4.4）。

图 8.4.1

图 8.4.2

图 8.4.3

图 8.4.4

5. 开启导航，开车不迷路

驾车迷路是最麻烦的事情，错过一个路口，可能就错过了一条街；原本1千米的路程，可能要开上5千米。在陌生的地方想要不迷路，地图应用的导航功能是你最可靠的朋友。

打开地图应用，点击右下角的"路线"按钮（图8.5.1），设定好目标地点以后，地图上就会出现当前距离到目标地点的路线。在搜索栏的下方，有可以选择出行方式的标签，点击"驾车"，再点击右下角的"开始导航"（图8.5.2），我们就正式进入了地图的导航界面。

图 8.5.1

图 8.5.2

驾车的导航界面与徒步是大不相同的，徒步导航地图上会有大量的周边事物，驾车导航中并没有这些，取而代之的是当前路上的种种情况——红色圆圈，里面带有"摄像头"的图标（图8.5.3），说明该路段有监控探头，你需要小心驾驶；椭圆形白色圆圈，中间有"三色灯"的图标自然就是红绿灯的标志了（图8.5.4）。当然了，驾驶途中，导航会提示前方多远会有服务区。

图 8.5.3

图 8.5.4

除了这些功能，导航的右侧还有写着"路况"二字的红绿灯图标，点击该图标，地图上的重要路线就会变色。绿色自然就是路况较好，畅通无阻；而红色就是该地段路况不佳，可能会造成拥堵。

6. 软件打车，出门不排队

打开地图应用，设定好目标地点以后，点击右下角的"路线"按钮，地图上就会出现我们当前距离到目标地点的路线。在搜索栏的下方，有可以选择出行方式的图标，点击"打车"（图 8.6.1），下方就会弹出便利的打车界面（图 8.6.2）。

在打车界面中，最上方的小字部分是我们需要什么时候打车，分别有"现在""预约""接送机""代叫"等选项，可以根据自己不同的需求自行设定。再往下，就是价格和车型的选择（图 8.6.3），下方都有标注车的起价范围，可以根据自己的需求选择什么样的车型。

图 8.6.1

图 8.6.2

图 8.6.3

选好了车型以后，下方就会出现不同的打车平台，每个平台下方都有提供的服务项目，而右侧则是预估此次的花费金额和优惠项目，最右侧是选择呼叫车辆是否包括该平台。

在接近最下方的位置，有"现在""选乘车人"和"红包"三个标签。"现在"标签是用来设定出行具体时间的；"选乘车人"是代别人下单用车，用来输入乘车人的姓名和联系方式以便于司机联系；如果你所处的地点十分偏僻，没有司机愿意接单的话，则可以在"红包"当中增加金额，提高司机接单的概率。

当一切都设定完成后，点击最右下方的"同时呼叫"按钮，就可以向选中的平台发出订单了。

小贴示

出行必备软件

出门在外，吃住往往是最为重要的。因此，除了地图软件外，想要好好吃一顿就离不开专门的美食点评软件了。大众点评是美食点评专家，不管到了哪里，打开大众点评，你一定能找到心仪的美食。

住哪里，怎么住，也是出行的重点。寻找酒店位置，比对价格，预订酒店房间，都是很重要的。携程旅行、飞猪等出行APP，都能帮你预订到合适的酒店、民宿，甚至旅游景点的接送车、门票等都能帮忙解决。

第九步
滴滴打车，解决出行难题

随着人们生活水平的提高，出门打车成为非常平常的事情。但是，打车也不总是那么便利，根据时间、地段、天气等原因，没有一点儿好运气想要在第一时间打到车还真不容易。不过，现在有了打车软件，一切就都不一样了。

1. 简单注册，关联支付软件

如今，很多人在出行时会选择打车，可是有时候会遇到上下班高峰期，在路边站了很久也未必能打到车，而滴滴打车就可以免去这种等待的痛苦，因为可以在出门之前下单，跟司机约好时间和地点，相当于随叫随到。

首先，我们需要注册"滴滴出行"属于自己的账号。打开手机里的应用市场 APP，在搜索栏中输入"滴滴打车"（图 9.1.1），在出现的选项中选中"滴滴出行"并进行安装（图 9.1.2），接着选择"接收短信验证码"完成登录，最后同意"滴滴出行相关法律条款以及隐私政策"就能完成注册。

在使用滴滴打车时，如果是通过滴滴客户端打车，需要绑定一种支

图 9.1.1

图 9.1.2

付方式才行。常用的支付方式有很多种，包括支付宝、微信、银行卡等。以支付宝为例，我们在打车结束支付费用时，在弹出的对话框里面有微信、支付宝、银行卡支付等，选择支付宝支付，然后就会跳转到支付宝的界面。

如果你的手机已经登录并绑定了支付宝，可以直接授权绑定滴滴打车就行。

绑定支付宝成功后，打车付款时就可以直接通过支付宝支付了，还可以使用支付宝中的红包等优惠，非常方便快捷。

2. 打开定位输入目的地，打车就这么简单

在我们需要打车出行的时候，首先打开手机里的滴滴出行APP，选

择"打车"，接着输入你的"目的地"（图 9.2.1），然后就会自动弹出"出行选择"，包括"快车""专车"或是"更多车型"，你可以根据自己的需要来选择其中的一种，最后点击正下方的"确定呼叫"即可打车。

　　需要注意的是，在使用滴滴出行 APP 的时候，一定要确保手机的定位功能是打开的，这个可以在手机的下拉功能快捷菜单中打开"位置信息"设置。还要注意查看自身定位，弄清楚自己在马路的哪一侧，以免司机找不到你的位置。

　　此外，如果手机没有安装滴滴出行客户端，也可以打开支付宝 APP，在支付宝的"更多服务"里选择"出行"，找到"滴滴出行"（图 9.2.2）图标，然后就可以使用滴滴直接打车了。

图 9.2.1

图 9.2.2

3. 顺风出行，共享资源

顺风车是如今比较流行的出行方式，是指搭便车、顺路车。在公众环保意识越来越强的今天，倡导同路的朋友搭乘一辆车出行，不仅可以为交通减压、为环境增分，还可以增加人与人之间的信任。

在使用滴滴顺风车时，先打开滴滴出行 APP，再点击"顺风车"（图9.3.1），这时出来"市内""跨城"两个选择，选好后接着输入你要去的地址，然后在结果中选择正确的目的地；接下来选择你的乘客人数，然后选择你的出发时间（图 9.3.2），最后点击"确定发布"就可以了。

这时候，顺路的司机就会看到你发布的出行需求，如果觉得合适，他就会主动联系你。

图 9.3.1

图 9.3.2

4. 青菜拼车，打车更划算

日常生活中，车主在自己出行时可以顺路带一些同路人，从而节省养车费用，同时也给他人带来方便。这种出行方式就叫拼车。

拼车，其实也属于顺风车的一种，是指相同出行路线的几个人乘坐同一辆车上下班、上下学、旅游出行，等等，产生的车费由大家共同平摊。

在滴滴出行 APP 中，找到"青菜拼车"的图标，点击之后可以通过地图点选或者是手工输入你要去的目的地（图 9.4.1），然后选择拼车人数以及用车时间，然后点击确定，等待拼车成功。

图 9.4.1

此外，我们也可以在滴滴出行的主界面直接输入目的地，会自动给出不同的出行方案，我们把"允许拼车"这个选项勾选上，然后给出的结果中就会出现拼车方案。

5. 开车想喝酒，代驾滴滴有

生活中，无论朋友聚会，还是生日、婚宴之类的应酬，很多时候难免会喝点儿酒。

这个时候，如果我们自己开车回家被交警查到酒后驾车就得不偿失，这就需要我们使用滴滴出行里的滴滴代驾功能。

首先，打开滴滴出行 APP，在主界面中间功能区域，找到"代驾"图标，打开代驾页面。

在代驾界面，点击下方的"输入您的目的地"，在弹出的界面中选择要前往的目的地（图 9.5.1），设置好目的地之后，系统也会自动显示大概的金额。此时，我们点击"呼叫代驾"（图 9.5.2），然后等待代驾人员接单，我们就成功叫到滴滴代驾了。

图 9.5.1

图 9.5.2

6. 线上开发票，简单又高效

在熟悉了滴滴出行的诸多线上便捷功能之后，我们会想到一个问题：滴滴怎么开具发票呢？

首先，找到滴滴出行 APP 首页右下角"我的"图标（图 9.6.1），点击该图标，然后在弹出的菜单中点击"钱包"图标（图 9.6.2），进入"我的钱包"页面。

接着向下滑动，在"我的服务"找到"我的发票"图标（图 9.6.3），然后点击"我的发票"，这时页面会出现"开具发票"一系列选项。

图 9.6.1

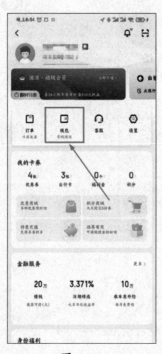

图 9.6.2

图 9.6.3

页面显示我们之前所有的出行行程，选中需要开票的"行程"（图 9.6.4），点击下一步，填写"发票信息"，确认后点击提交（图 9.6.5）。

需要注意的是，因为滴滴出行并不从事高速公路经营，无法开具此类发票。滴滴出行目前开具的发票内容为"客运服务费"，其中代金券、过桥过路费、高速费、停车费等费用不计入行程开票的金额。

图 9.6.4

图 9.6.5

小贴示

打车软件有好多

如今，除了滴滴出行之外，还有许多出行软件可以选择，比如神州专车、首汽约车、一嗨租车、美团打车、花小猪打车、嘀嗒出行、携程租车、曹操出行，等等。这些新兴的互联网出行软件，操作与滴滴出行类似，都非常方便快捷，能够给我们带来更多的选择和使用体验。

第十步

58同城，不出家门解决生活问题

每个人都不是全知全能的，在生活当中总会有一些自己处理不了的小麻烦。与其盲目地四处询问，不如打开58同城，一定能找到帮你解决麻烦的方法。

1. 注册账号，设置所在城市

58同城是一个定位于本地社区免费分类信息服务的APP，主要包括二手物品、房产、招聘、二手车、宠物、家政服务等信息。这款APP的服务目的，就是帮助人们解决生活和工作中所遇到的不同问题，学会使用它，可以让我们的生活变得更加方便快捷。

使用58同城服务，我们首先需要下载58同城APP并安装，安装完成后打开软件主界面，第一步是点击最上面地址栏选择你所在的城市（图10.1.1）。

接下来，我们需要注册自己的账号。找到主界面右下角的"未登录"图标（图10.1.2），然后点击该图标接着选择"注册"，根据提示输入自己的手机号码并点击"获取动态码"（图10.1.3），把手机接收到的动态码填写进去，设置登录密码后就可以使用58同城APP了。

图 10.1.1   图 10.1.2   图 10.1.3

接下来，根据提示输入昵称、选择性别等选项，然后点击"保存"，你的 58 同城 APP 账号就注册成功了。

2. 家里房子要出租？自己推销试试看

如今在外打拼的人多了，租房是个很大的需求。许多人都觉得租房难，可实际上房东也是同样的感受，其中的问题就在于信息沟通不畅。而 58 同城中的租房功能，可以为大家带来非常方便快捷的租房体验。

你有房子需要出租，此时打开 58 同城的 APP，点击界面中的"租房"（图 10.2.1）。

然后，点击界面最下方的"＋发房源"图标发布租房信息，在接下来的界面里，我们可以根据自己所出租的房子类型填写详细的房屋信息（图 10.2.2）。

在选择发布房屋的类型之后，就会出现房源认证提示界面。在这个界面可以上传房屋的详细证件资料，将房子信息以及房主信息填写完毕（图 10.2.3），再根据提示选择提交审核。通过审核之后，你的房源就发布在 58 同城上，需要租房的用户看到租房信息就可以直接联系你了。

图 10.2.1

图 10.2.2

图 10.2.3

3. 家政服务，自己找的更放心

58 同城中的家政服务可谓是相当贴心。

在 58 同城 APP 主界面点击"家政"图标（图 10.3.1），就会在接下来的界面中看到十分详细的家政内容选项，比如保洁清洗、钟点工、搬家、保姆／月嫂、开锁换锁、家庭保洁、马桶疏通等，内容相当丰富全面。

接下来，我们选择一项家政服务，比如家庭保洁，在"服务详情"中，我们可以看到这家公司可以提供的服务内容，而在旁边的"评价"栏中，我们还可以看到其他用户对这家公司的服务评价（图10.3.2），有助于我们了解所选公司的口碑。

图 10.3.1

图 10.3.2

选择满意的家政公司之后，我们可以点击"立即下单"，之后就可以在家坐等家政服务人员上门。当然，在服务结束之后，我们也要通过软件中的"评价"功能来对该次服务进行评价打分。

4. 一个人的孤单？领养代替购买

如今的年轻人都喜欢养宠物，可是快节奏的城市生活让许多人并不具备长期养宠物的条件，换工作、搬家、结婚等因素都会导致一些非常可爱的宠物遭遇生存危机——主人没时间养了，没地方养了，怀孕没条件养了，等等。这个时候，也有另一部分人非常渴望能够领养一只宠物来陪伴自己，于是，58 同城的"宠物赠送 / 领养"频道就凸显出了它的价值。

打开 58 同城 APP，点击主页面的"更多"选项，找到并点击热门推荐中的"宠物·心宠"图标（图 10.4.1），然后就会有详细的宠物品种列表，下方还有宠物用品和宠物医院等内容（图 10.4.2）。我们找到

图 10.4.1

图 10.4.2

自己想要领养的宠物品种，点击打开之后，就会显示出所有提供领养该品种宠物的卖家以及价格等信息，然后根据自己的需求选择适合的领养宠物，点击电话联系直接与卖家沟通。

这种同城领养宠物的服务，可以说为许多人解决了大烦恼，因为没有条件继续养的宠物确实很难处理。这种服务方便了宠物爱好者来领养，无论对于宠物主人还是宠物来说，可以说是最好的选择了。

5. 二手回收，处理无用闲置物

日常生活中，我们经常会有一些用不到又不舍得扔掉的物品。这个时候，我们可以通过58同城将这些二手闲置物品进行售卖，具体的发布步骤如下：

打开58同城APP，在首页右上角找到"二手物品"图标（图10.5.1），或者点击最下方的"+"号图标，也会看到"快捷发布"界面里的"二手物品"图标，在接下来的界面中会让我们选择具体的物品种类，比如电子产品还是生活用品等（图10.5.2）。

我们根据实际情况点选之后，就会来到"发布"界面，这里需要我们在下方选择是"个人发布"还是"商家发布"，接下来会进入物品详细信息的界面，在这里，我们可以根据给出的项目内容对物品进行描述（图10.5.3）。

在填完所有的信息之后，点击最下方的"发布"按钮，这样我们就可以把自己的二手物品发布到58同城上了。那些有需要的人，会根据58同城中的信息联系我们进行购买。

图 10.5.1

图 10.5.2

图 10.5.3

小贴示

小心同城骗子

    58同城上的信息是免费发布的，注册的普通用户都可以发布，所以不可避免会有一些虚假信息，尤其在二手物品的交易上，我们要学会辨别真假信息，注意防骗。

    在发布人的身份认证上，58同城有认证商家和个人的区别。商家与58同城是付费或是认证营业执照的合作模式，这类用户信息相对更可信。同时，个人用户也可以加入"网邻通"认证，之后右上角就会出现认证标志，这样的卖家相对要靠谱很多。而没有任何认证标志的用户，我们要考虑更多的细节问题，以免上当受骗。

此外，根据网友们的总结，联系方式不给手机号，让加 QQ 或是微信的用户，很大概率是骗子；在找工作一栏，用人单位介绍说得很详细，却不提工资构成以及社保问题的，也很有可能是骗子。

总而言之，我们要摒弃"占小便宜"的思想，不要因为贪图便宜而忘记了风险。

第十一步
美团，同城吃喝玩乐一条龙

你真的了解自己所在的城市吗？你真的对自己居住地周边的吃喝玩乐项目都了解吗？无论你是否了解，打开美团，你一定能找到自己意想不到的惊喜。

1. 注册账号，设置所在城市

美团，是如今非常受欢迎的一款团购APP，作为国内知名的生活服务电子商务平台，它的服务涵盖餐饮、外卖、生鲜零售、打车、共享单车、酒店旅游、电影、休闲娱乐等众多品类，给我们的生活带来了许多便捷。

打开美团APP，第一步会提示我们选择所在城市，可以手动选择，也可以根据手机定位选择。接着点击右下角"我的"图标（图11.1.1），进入下一个界面点击上方的"点击登录"，接着根据提示输入注

图 11.1.1

册用的手机号码（图 11.1.2），点击"获取短信验证码"（图 11.1.3），把收到的验证码填入，点击下一步就到了设置登录密码界面，设置一个自己记得住的密码，点击完成就可以了。

图 11.1.2

图 11.1.3

2. 美团外卖，不出家门吃美食

美团不仅给用户提供了美食、住宿、游玩等各种各样的信息，让用户以较为优惠的价格进行消费，同时它还提供外卖功能，极大方便了用户的生活。那么，如何使用美团点外卖，让我们不出家门就能吃到不同风味的美食呢？

打开美团 APP 界面，点击"外卖"图标（图 11.2.1），然后点击左上角的"美食"图标，就会看到众多品类的美食，我们可以根据自己的需求来选择。这时，可以在选项栏里选择排序方法，比如可以选择美食的区域，或者按照离自己的远近顺序，这样可以更加直观地看到离我们最近或者最快送。

选好美食之后，我们可以点击具体菜品右边的"+"图标，将美食加入购物车（图11.2.2），添加完成后，点击"去结算"就到了支付界面。在这里，可以选择常用的微信或者支付宝支付，当然也可以在美团里直接绑定银行卡进行支付，完成之后就可以在家里静待美食送上门。

图 11.2.1

图 11.2.2

3.团购优惠券，好物价格更低廉

在美团 APP 中，许多商家会赠送优惠券给用户，也有一些新店铺开张时会赠送优惠券。这些优惠券在消费时是可以直接抵扣消费金额的，在享受美团消费带来的各种便捷时，我们一定不要忘了领取和使用优惠券。

在手机上打开美团APP，在界面右下角点击"我的"图标（图11.3.1），就可以进入到新页面。

此时，我们会在页面右上方看到"红包／卡券"的字样（图11.3.2），点击该图标进入到红包卡页面。

图 11.3.1

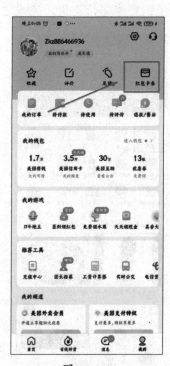

图 11.3.2

接着，我们在页面左下方可以看到"领券"和"购券"字样，点击"领券"图标进入到领券中心页面（图11.3.3）。

在领券中心页面中，我们找到相应的店铺并点击其右面的"0元抢"图标，就可以领取到优惠券了（图11.3.4）。

返回到"红包／卡券"页面，找到想要消费的优惠券，并点击优惠券右面的"立即使用"图标（图 11.3.5）。

图 11.3.3

图 11.3.4

图 11.3.5

接下来，就会自动跳转到相应的店铺界面。我们在店铺里找到想要购买的物品，并点击该物品右面的"+"图标，结算处就会显示原价和抵扣金额，提交订单后就可以使用现金优惠券抵扣消费金额了。

除此之外，我们也可以直接进入自己选购商品所在的店铺，通常都会在上方看到"优惠券"图标，点击它，就可以直接领取该店铺的优惠券，使用方法跟上面是一样的。

4. 周围有什么好东西？评价里面找一找

美团 APP 不但方便快捷、有优惠，我们还可以通过其他消费者的评价，对一家店铺或者一款商品进行更加深入的了解。比如，产品使用的体验如何，美食的口味和就餐环境如何，等等。下面，我们就来了解一下美团店铺评价的查看方法。

打开美团 APP 之后，在主页面的搜索处输入店铺名字，找到店铺点击之后，我们可以看到该店铺的总体评分（图 11.4.1）。

在店铺商品列表的最顶端，我们可以看到店铺的总评数量（图 11.4.2），页面中间位置点击"评价"打开该页面，我们能看到该店铺所有评价中离现在日期最近的一条评，然后一直往下拉，就可以看到该店

图 11.4.1

图 11.4.2

铺的所有评价。

用这样的方式，我们可以在美团 APP 中查看任意一家店铺、任意一款商品的评价记录，通过查看评价，我们可以对商品有更加深入的了解。同时，在这些评价之中，我们也能看到自己周边有哪些好的商家，有哪些有趣的商品或者受欢迎的美食，等等。

5. 手指动一动，门票车票电影票一应俱全

都说吃喝玩乐不分家，我们前边介绍了如何使用美团 APP 寻找美食，其实，美团还有一个很重要的功能就是"玩乐"，不仅有各大旅游景点的门票团购，还有游乐场所和电影票的优惠。

如果你准备假期旅游，却不知道去哪里玩，就是到达了地方又嫌排队买票麻烦，不妨打开美团 APP，不仅可以直接下单购买各种门票，还可以享受团购优惠。

打开美团 APP，在主页面会看到"景点 / 门票"的选项（图 11.5.1）。

然后，软件就会根据手机定位显示所在城市附近的景点与门票，比如野生动物园、自然风光、主题公园、名胜古迹等，项目非常全面（图 11.5.2）。

这时，我们可以选择想去玩的景点，然后点击购票。购票时，景点的营运时间（几点开始入场和几点停止入场）都是有显示的，我们根据自己的需求选择好之后，就可以支付票款了（图 11.5.3）。

比如，选择好某一处旅游景点，点击购票之后，出现提示让我们填写姓名和手机号以及人数等信息（图 11.5.4）。此外，美团购买门票一般是有优惠价的，在支付时可以看到。

图 11.5.1

图 11.5.2

图 11.5.3

图 11.5.4

此外，美团 APP 也可以直接购买出行车票。在主界面点击"火车票 / 机票"（图 11.5.5），在接下来的界面选择自己需要的出行方式，然后选择出发地和目的地以及出行时间，点击下方的"搜索"，就可以看到相应的车次等信息，选择好要购票的车次再点击"购票"即可。

如果是为家人买票，要选择"添加乘车人"，然后填写乘客的身份证号和姓名信息，填写好后点击完成，再提交订单，选择支付方式即可购买车票。

如果想要购买电影票，可以在美团 APP 首页点击"电影 / 演出"图标（图 11.5.6），就会看到当前影院上映的影片列表（图 11.5.7）。我们可以选择一家距离近的电影院，然后再选择观影时间，点击"购买"（图 11.5.8），接着选择座位，提交订单并支付，即可去观赏自己想看的电影。

图 11.5.5

图 11.5.6

图 11.5.7

图 11.5.8

小贴示

其他测评软件推荐

除了美团，还有其他一些点评类 APP 可以提供类似的功能，比如大众点评也是比较老牌的点评软件，用户众多，评分评价什么的也比较多，参考价值很高，功能上与美团类似。

我们在使用百度地图 APP 的时候，也会看到有一个选项是"附近美食"，虽然在评价和优惠券这方面不如前面两款软件，但是优势在于结合了先进的地图导航，尤其是到了陌生的地方，可以结合百度地图的导航功能，一键导航到餐厅。

除了这些，还有饿了么、支付宝口碑等常见的手机 APP，都可以让我们很方便地在手机上直接搜索吃喝玩乐的地点。

番外篇

应用智能手机，掌握生活小窍门

集中介绍各种有趣的软件应用，像年轻人一样学会制作短视频、玩转短视频，学会拍照修图，在线看电视剧、听书等，让你感受不一样的生活方式，让你的生活更加多姿多彩。

第十二步
玩转短视频，你也是网红

短视频收割了人们大量的碎片时间，成为当下最火爆的娱乐方式之一。现在，只要你有有趣的创意，愿意和别人分享你的生活，也许，下一个网络红人就是你。

1. 注册账号，选择你感兴趣的

现在是短视频时代，通过短视频，我们不仅可以获得丰富多彩的新闻资讯，更能解锁许许多多的干货知识。有很多人通过短视频成为网红，靠着带货或者广告赚到了人生的第一桶金。在这样一个全民短视频的时代，要想玩转短视频，第一步就是注册一个自己的账号。

这里以抖音短视频为例。首先，下载抖音 APP，点击页面右下角的"我"选项（图12.1.1），这时候页面会弹出一个对话框，在对话框中填写自己的手机号码（图

图 12.1.1

12.1.2），随后点击"获取短信验证码"。

手机上收到一条来自抖音平台的短信后，将短信中的验证码填入空白处，然后选择注册便获得了自己的账号（图12.1.3）。

图 12.1.2

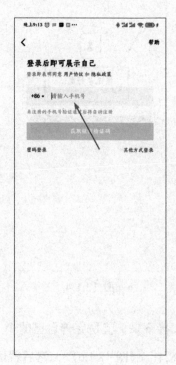

图 12.1.3

如果我们希望亲戚朋友知道自己有了抖音账号，希望他们能够看到自己发布的内容，我们可以在随后出现的"发现通讯录朋友"中选择"去设置"（图12.1.4），然后将"通讯录"这一栏勾选上。这样，不仅亲戚朋友们能看到我们发布的内容，我们同样也可以看到他们发布的短视频。

如果不希望亲戚朋友们看到自己的抖音账号，只需点击右上角的"跳过"即可（图12.1.5）。

这样，我们就完成注册了。

图 12.1.4   图 12.1.5

接下来，就是完善自己的个人资料。点击右下角的"我"，选择"编辑资料"（图12.1.6），然后就可以设置自己的名字、头像、抖音号、简介等个人资料（图12.1.7）。需要注意的是，这些资料设置与否并不影响软件的使用，目前，抖音号在一个月内只能修改一次。

在刷视频的时候，看到自己喜欢的内容，可以"点赞"表示喜欢，"评论"发表自己的看法，"转发"给自己的亲戚朋友欣赏（图12.1.8）。如果我们对一个视频点赞了，那么，系统就会知道我们喜欢这样的视频，从而推荐更多同类型的视频给我们。

图 12.1.6

图 12.1.7

图 12.1.8

2. 直播买东西，好货更便宜

现在，很多短视频平台都推出了直播卖货的功能。跟平时在超市里或者淘宝、京东上能买到的商品相比，直播卖货有着天然的优势，那就是更容易买到便宜的好货。但要注意直播带货的售后服务，选择一些知名带货的主播，因为产品一旦出现了问题，售后也相对有保证。

那么，如何在直播间买东西呢？

我们还是以抖音直播间为例。点击抖音 APP 页面左上角的"直播间"，就可以进入购物直播间（图 12.2.1）。进入直播间之后，点击视频下方中部的"购物车"图标（图 12.2.2），然后就可以挑选直播间的商品了。

图 12.2.1   图 12.2.2

挑选自己喜欢的，点击主播页面右下方的"购买"图标（图12.2.3），然后，我们在窗口中选择商品的款式，比如衣服类型的商品需要选择颜色、尺码等。选好商品款式之后，直接点击"购买"（图12.2.4）。

需要注意的是，如果商家有做活动的话，"购买"选项就会变成"领券购买"，我们先点击"领券购买"下单更优惠。

如果需要购买多件，把页面往下拉，就能看到"购买数量"选项（图12.2.5），点击选项后面的"+"图标，就能增加自己需要购买的数量。

点击购买之后，需要在"新建收货地址"一栏里填写自己的姓名、手机号、收货地址。注意手机号不要出错，不然快递到了联系不上你就麻烦了。

确认信息无误之后，点击提交订单付款就可以了。如果有什么注意事项需要告诉老板的，可以在"订单留言"处备注。

图 12.2.3

图 12.2.4

图 12.2.5

付款可以选择微信或者支付宝支付，如果两种支付方式都不方便的话，点击"更多支付方式"，选择"使用新卡支付"，在弹出的页面中输入自己常用的银行卡号，点击下一步，输入姓名、身份证号、银行预留手机号，然后点击"同意协议并继续"即可。

3. 发布自己的第一条短视频

拥有了自己的抖音账号，平时看到有趣的事情想拍下来跟自己的朋友分享，该怎么做呢？

　　如果是分享生活趣事，首先点击抖音页面下方的"+"图标（图12.3.1），我们就可以看到镜头对着自己了，再点击"拍摄"即可。如果想使用手机的后置镜头，则点击页面右上角的"翻转"图标（图12.3.2）。

图 12.3.1

图 12.3.2

　　如果希望自己的视频更加精彩一点，可以点击上方的"选择音乐"为视频添加背景音乐；右上角的"快慢速"，可以改变视频的速度，用于快进或者慢放；"滤镜"则是为视频添加特殊效果，比如专门用于人像、风景、美食的滤镜，可以让画面看起来更加好看；而"美化"则是提供美颜效果的，可以有效降低皱纹、肤色的影响，重现年轻时候的风采；"倒计时"则是将手机固定后使用的，可以配合三脚架使用，有 3 秒和 10 秒两种不同的倒计时选项，时间到了之后便自动开始拍摄（图 12.3.3）。

当然，我们也可以发布一些手机里已经拍好的视频。点击拍摄按钮右侧的"相册"图标（图 12.3.4），进入相册选中视频以后点击右上角的"完成"，这样就可以把自己的视频分享给大家了。

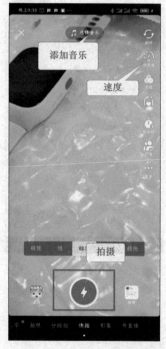

图 12.3.3

图 12.3.4

视频拍摄完成或者从相册选中之后，点击界面右下角"下一步"来到视频编辑页面。在这里，我们可以给视频添加适当的描述作为标题，也可以点击"@朋友"（图 12.3.5），我们发送的视频就会提醒朋友观看了。同时，添加话题也可以让我们的视频被更多的人看到。

在这个页面，我们也可以点击"视频封面"用于选择更改视频的封面，或者点击"你在哪里"图标以添加自己的位置信息（图 12.3.6），这样视频就会被推送给附近的人。

最后，我们点击"发布"，这就完成了自己的第一条视频发布。

图 12.3.5   图 12.3.6

4. 有意思的特效，让你的视频更有格调

刷抖音的时候，我们常常能看到一些好玩的视频，比如一个老人脸慢慢地就变成了小孩子的模样，又比如一个女孩子在视频里拥有一脸的络腮胡。这样的视频是怎么做出来的呢？其实并不难，只要了解抖音的特效功能，每个人都能拍出这样的视频。

操作步骤和发布视频类似，首先点击页面下方的"+"号图标，然后点击拍摄按钮左边的"道具"图标（图 12.4.1）。

此时，我们就能看到许许多多有意思的特效，想要体验什么样的特效，只需点击对应的图标开始拍摄即可。需要注意的是，这些特效功能在使用的时候需要消耗手机流量，所以尽量在有 Wi-Fi 的环境下使用。

平台会经常更新这些特效功能，比如过年的时候就会有很多和过年相关的特效，平时有什么节日也会推出相应的特效。如果对某个特效特别喜欢的话，可以点击"收藏"（图 12.4.2），这样我们下次还要使用这个特效的话，就可以在"收藏"一栏中找到（图 12.4.3），而且也无需再次下载消耗流量。

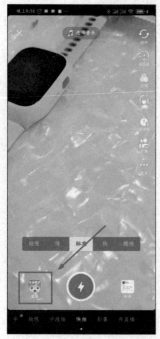
图 12.4.1

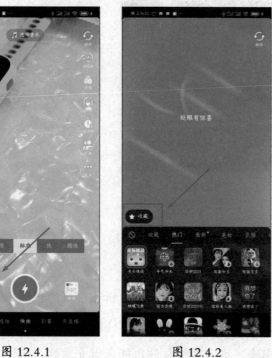
图 12.4.2

图 12.4.3

如果我们刷视频看到好玩的特效，但是并不知道这样的特效叫什么名字，也找不到它在特效列表里的位置，该怎么办呢？

其实也很简单，只需点击该视频中的黄色图标按钮，然后在出现的页面中点击"拍同款"（图 12.4.4），就可以体验和视频中一样的特效。

图 12.4.4

5. 配套的视频制作软件，让视频更专业

我们在刷短视频的时候，常常能看到一些剪辑非常好的视频——各种卡点，剪辑衔接，看起来非常专业。其实，这样的视频并不一定要用专业的电脑软件才能做出来，很多手机软件也能做得非常好。这里，以抖音官方推出的"剪映"为例。

首先，我们打开下载软件商店，输入"剪映"（图 12.5.1），然后看准图标下载该软件，建议在 Wi-Fi 环境下载。

下载好软件后，点击开始创作。选择我们需要剪辑的一个或者几个视频素材，然后点击左上角的"添加"图标（图 12.5.2），我们就能看到视频的编辑页面，该页面总共有 10 个菜单选项，我们逐一介绍。

图 12.5.1   图 12.5.2

　　首先是剪辑。这个功能就是把一段视频剪成好几段，然后重新排列组合，或者剪掉一些不需要的视频片段。

　　音频选项。这个功能可以给视频添加背景音乐，也可以后期自己录一些声音加进去。因为剪映和抖音是可以绑定同一个账号的，所以，我们在抖音收藏了喜欢的音乐，点击"抖音收藏"也可以直接使用那首音乐。

　　文本选项。这个功能可以给视频添加字幕或者解说词。我们不想打字的话，也可以选择"识别字幕"，让系统自动为视频添加字幕。

　　贴纸选项。这个功能可以给视频添加一些好看的小贴纸。贴纸窗口有四个按钮，左上角的"×"是取消，右上角是编辑长度，右下角是放大或缩小，左下角则是复制。

画中画选项。这个功能是添加一段可以放大或缩小的视频，覆盖在原来的视频之上，利用好这个功能可以做出很多有趣的效果。

特效选项。这个功能和抖音自带的特效略有区别，主要是针对整个画面设计的，比如添加胶片效果让视频变清晰等。

滤镜选项。为视频添加滤镜，可以让视频看起来更高级。

比例选项。这个功能用来改变视频的长宽比例。如果是用来发抖音的话，通常使用的是 9 : 16 选项。

背景选项。这个功能可以为视频添加画布背景。如果我们的视频已经采用了 9 : 16 的格式，便不需要再添加背景布。

调节。这个功能主要是用来调节画面的亮度、对比度、饱和度等，跟调整照片的功能一样。

编辑好视频之后，点击右上角的"导出"（图 12.5.3）。注意，导出需要一定时间，过程中不要切换屏幕或者退出，否则容易导出失败。导出完成后，我们选择"同步到抖音"，这样视频就可以直接获得发布了。

图 12.5.3

第十三步

工具类软件，体验式生活

在过去，有许多专业工具可以让我们的生活更加便利、美好。如今，这些专业工具的工作，都可以由一部智能手机来完成。

1. 音乐软件，告别碟片时代

以前我们听音乐，要么用磁带，要么用影碟，音质参差不齐，容量也十分有限——一盘 VCD 也就存储 10 首歌左右。现在，一部智能手机就能轻轻松松来听海量音乐，而且音质更好，使用更方便。

目前，市面上主流的音乐软件有酷狗、酷我、网易云、QQ 音乐、咪咕音乐等。这里以酷狗音乐为例，告诉大家怎么听歌，怎么下载，以及怎么使用卡拉 OK 功能。

首先，打开软件商店，搜索"酷狗"（图 13.1.1），确认图标后下载安装。在主页面上，我们可以看到很多系统推荐的歌单和单曲，随便点开一首单曲便会自动播放。如果喜欢这首歌，点击单曲下面的"下载"（图 13.1.2）图标，便将这首歌下载到自己的手机里，以后可以随时打开来听。要注意，有一些歌曲是会员才能下载。

如果你已经有了歌曲的名字，点击页面右上方的放大镜图标（图

13.1.3），在出现的搜索框中输入关键词，歌手或者完整的歌曲就出现了，下载方式和上文所说的一样。

图 13.1.1

图 13.1.2

图 13.1.3

假如我们听到一首歌很喜欢，但是不知道歌曲的名字该怎么办呢？这时候，就要用到软件的"听歌识曲"功能。右滑酷狗主页面，点击左上角"听歌识曲"图标（图 13.1.4），这时出现三个选项，再点击当时你自己的需求即可（图 13.1.5）。需要注意的是，如果音乐声太小的话，有可能会识别失败。

下载完的歌曲，要在哪里能找到呢？点击主页面右下角"我的"图标（图 13.1.6），再点击"本地"（图 13.1.7），里面的歌曲就是已经下载好的。

图 13.1.4

图 13.1.5

图 13.1.6

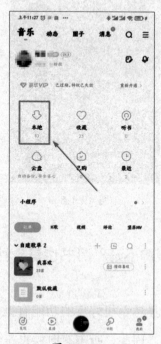

图 13.1.7

在听歌的时候，可以选择"顺序播放""单曲循环""随机播放"三种模式，点击歌曲页面左下角的小箭头就可以选择了。而中间的三个按钮，分别是上一曲、播放／暂停、下一曲（图13.1.8）。

如果我们想和朋友们 K 歌一曲，需要点击什么选项呢？

在页面的右下侧有一个"K 歌"的话筒图标（图13.1.9），点击进入之后选择"我要唱"图标，就可以像在 KTV 一样唱歌。唱完之后还可以上传，让别人也听听自己唱得怎么样。

图 13.1.8

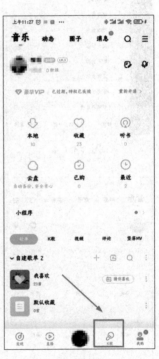

图 13.1.9

2. 眼神不好？听书也是一种乐趣

虽然手机好玩的功能有很多，但是长时间盯着手机屏幕毕竟对眼睛不好。因此，听书有时候也是一个非常好的选择。现在的听书软件功能齐全，不仅有新闻资讯、育儿心得，还有大量的历史解说、小说故事等。平时出门散步遛弯的时候，听听书不仅能放松心情，还能增长知识。

听书的软件有很多，比如喜马拉雅、荔枝FM等，这里以喜马拉雅为例。

在应用商店下载"喜马拉雅"之后打开，选择手机号码登录（图13.2.1），随后输入平台发来的验证码便完成了注册。

主页面有很多内容，比如说书、少儿教育、新闻等，点击自己喜欢的内容后便可以收听了（图13.2.2）。

图 13.2.1

图 13.2.2

听书开始之后，即使我们关掉手机屏幕也不会影响听书，十分适合平时散步、闭目养神的时候使用。如果不想听了，点亮屏幕按下暂停键即可，非常方便。

碰到自己喜欢的主播或者内容，可以点击订阅或者关注（图13.2.3）。这样，下一次这个主播更新内容的时候，我们打开 APP 就能收到来自平台的提示了。

如果同时碰到好几个感兴趣的内容，可以点击页面中右侧的三个小点（图13.2.4），选择"加到听单"（图13.2.5）。这样，我们下次需要继续听书的时候便能够轻松找到，也可以点击下载保存到本地，即使没有网络依然不影响我们听书。

图 13.2.3

图 13.2.4

图 13.2.5

有些朋友喜欢在睡前听书，如果不想不小心睡着了而让手机整夜开着的话，可以点击页面中的"闹钟"图标（图13.2.6），选择播完停止或者播放 30 分钟后停止。

图 13.2.6

3. 小睡眠，提高你的睡眠质量

现在，很多人因为压力大，生活状态比较焦虑，导致晚上睡不好觉，或者睡眠很浅，一有响动就容易醒来。又或者家里有小孩，总是容易半夜惊醒而哭闹，这对老人和孩子都是一个挑战。

有研究表明，人在有一定环境声音的情况下更容易入睡，睡眠质量更好，比如下雨声、轻音乐等。小睡眠，就是专门为此开发的一个软件。

在软件商店下载"小睡眠"之后，在主页面可以看到"助眠""睡觉""小实验"等选项（图 13.3.1）。

在"助眠"选项中，有小时候在农村常能听到的虫鸣声、水车声、雨打芭蕉声等，这些都是很好的助眠背景音。软件还支持同时选择三种背景音自由组合，以实现更多的场景，搭配出最适合自己的助眠音。

点击页面中的调节图标（图13.3.2），我们就能看到三种背景音的各自图标了，滑动其中的音量条可以改变不同背景音的音量。点击右侧的三个小点进入下一级菜单，我们还能够调节声音的快慢，可以说自由度非常高。

图 13.3.1

图 13.3.2

在"睡觉"选项中，我们可以通过软件给自己设定睡前仪式，也可以当成闹钟设定起床时间。点击"××起床"进入闹钟设定页面，滑动时针的位置便可以设定起床时间，再点击"开始睡眠"，软件便开始工作了（图13.3.3）。

而"小实验"选项（图13.3.4），则是软件通过心跳声判断我们的状态，并给我们匹配最合适的声音搭配。点击"开始实验"（图13.3.5），完善年龄和性别信息后就可以进入匹配。首先，根据提示将手指放在摄像头处，这时候软件便会检测我们的心跳频率，并自动匹配声音。需要注意的是，检测过程需要一定时间，在匹配完成前请不要松开手指。

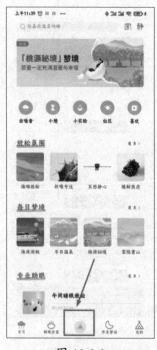
图 13.3.3

图 13.3.4

图 13.3.5

4.叮当快药，28分钟送货上门

通过智能手机，很多事情都变得很方便，就连买药都实现了网购——只要动动手指，不仅能得到医生的专业指导，购买的药品还能半小时就送达。

下载"叮当快药"完成后，点击"药师指导"或"医生在线"（图13.4.1），就能看到许许多多的分类医生，再次点击"电话咨询"或者"在线咨询"（图13.4.2）就能向医生询问病情，得到用药建议，其中有很多医生都是可以免费咨询的。

图 13.4.1

图 13.4.2

　　我们已经看完了医生，得到了用药建议，该怎么买药送货上门呢？

　　首先，点击首页上面的搜索框（图 13.4.3）输入药品名称，在搜索结果中找到自己需要的那一款药。

　　点击商品图标，我们就能看到药品的详情页，包括保健功能和使用方法。点击"添加清单"（图 13.4.4），如果需要购买多件药品则在新页面中点击"数量"右边的"+"图标，就能增加购买数量。

　　"添加清单"完成后回到主页面，点击"清单列表"（图 13.4.5），再点击"提交"。

　　然后在页面上方"修改收货人信息"处，填写自己的收货地址、收货人和联系电话等信息，填写完成后点击"保存并使用"（图 13.4.6）。

图 13.4.3

图 13.4.4

图 13.4.5

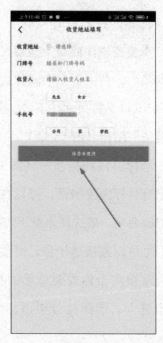

图 13.4.6

最后，点击"确认提交"，付款后就完成了购买，送货员会亲自将药品送到我们手上。

需要注意的是，有些药品是不可以直接购买的，比如处方药需要有医生开具的处方证明才可以购买。一些常用药品、保健品、家用器械等，是可以直接下单购买的。

5. 在线挂号，不用排长队

平时，我们身体不舒服要去医院看病，挂号经常要排长时间的队伍，有时候自己行动不便，让子女代为挂号也十分耽误工夫。如今，只要有一部智能手机就可以直接在网上实现挂号了。

首先，我们打开支付宝（没有安装的话，需要在软件商城中搜索"支付宝"并点击安装），在主页面中间位置点击"全部"（图13.5.1），将页面往下拉，找到并点击"医疗健康"图标（图13.5.2）。

选择"预约挂号"（图13.5.3）。如果我们有目标医院的话，可以在搜索框中输入

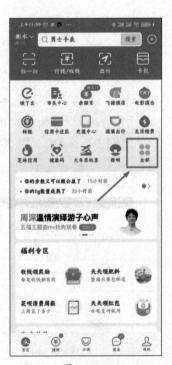

图 13.5.1

医院的名字，或选择系统下方推荐的"附近医院"（图13.5.4）。当然，我们也可以直接选择自己需要的科室，比如"皮肤科""内科"等。

直接点击你需要诊治的科室，在下一级页面中选择相应的医院，点击进入。选择挂号渠道，点击"立即预约"，再点击"同意"（图13.5.5）。

图 13.5.2

图 13.5.3

图 13.5.4

图 13.5.5

再次选择需要的科室，选择想要的医生。如果该医生可以预约挂号的话，右侧会显示"有号"。而医生照片的下方，会有该医生的介绍、擅长的领域等。

点击医生进入，选择"发送验证码"，输入验证码后点击"提交"。在新出现的页面中选择有号的选项，根据提示点击"知道了，去预约"。接下来，我们选择预约时间，点击"预约"就可以了。

6. 棋牌游戏，在家也能玩

网络生活丰富多彩，各种棋牌游戏也是琳琅满目。一部智能手机，就可以做到随时随地和朋友们一起玩棋牌游戏。这里要提醒大家，玩棋牌游戏重在娱乐，千万不能加入赌博的成分。

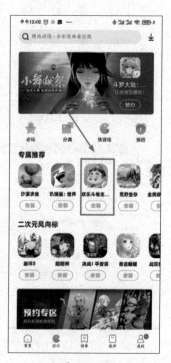

图 13.6.1

首先，我们打开软件商店，可以在游戏分类中找到"卡牌"或者"棋牌"的类别，也可以直接在搜索框中输入"棋牌游戏"。这样，我们就能看到许多的游戏软件，为了方便讲解，接下来以"欢乐斗地主"为例。

点击欢乐斗地主"获取"图标（图13.6.1），开始下载安装，安装完成后点击打开。注意，如果系统提示"请求使用无线或者数据流量"，应该点击"同意"，否则就不能和朋友一起玩了。

在"用户须知"页面点击"接受"，选择一种登录方式，比如"微信登录"，再点击"同意"（图13.6.2），然后游戏账号就注册成功了。

图 13.6.2

对于第一次注册的用户，游戏会有一个新手教程，看完之后便可以正式开始游戏。

游戏有很多种模式，比如"经典""比赛"等，我们只需要点击自己喜欢的模式就可以了。选择完成后，点击"开始游戏"即可进入游戏界面（图 13.6.3）。

图 13.6.3

轮到自己出牌的时候，点击想要打出去的牌，再点击"出牌"即可。如果不想出牌，点击"不出"即可（图 13.6.4）。

如果想玩象棋、军棋、麻将等，只需在软件商店中输入对应的名称，下载安装就可以了。

这些游戏也可以和朋友一起玩。点击右上角的小人图标，点击"邀请好友"，再点击"确定"。然后，页面就会跳转到微信好友页面（图

13.6.5），点击想要一起玩的好友头像，就向对方发出邀请了。只要对方点击了你发送的信息，就可以一起玩了。

图 13.6.4

图 13.6.5

7. 今日头条，满足你的好奇心

现在是信息爆炸的时代，网络上一年所产生的信息量，可能相当于古代几百年的信息总和。为我们日常生活提供信息的平台有很多，比如新浪、腾讯、今日头条等，上面不仅有每天发生的新闻、趣闻，还有许多历史故事、本地生活等。下面，以今日头条为例，给大家讲解如何使用。

首先，我们需要通过软件商店下载安装"今日头条"（图 13.7.1），然后直接点开就能看到丰富多彩的资讯了。看完文章后，如果有感而发，可以点击"评论"图标发表自己的看法，也可以点击五角星图标收藏，或者给作者点赞，又或者转发给自己的朋友阅读（图13.7.2）。

图 13.7.1

图 13.7.2

那么，收藏的文章在哪里可以找到呢？

点击主页面的"我的"（图13.7.3），点击"收藏"就可以看到自己之前收藏的文章了（图13.7.4）。如果是第一次使用今日头条的用户，会在这一步之后进入注册页面，然后在注册页面输入自己的手机号码和验证码就可以注册成功了。

图 13.7.3

图 13.7.4

　　我们在浏览新闻的过程中不小心闪退出去了，再次进入今日头条之后找不到该文章，怎么办呢？

　　还是点击今日头条首页右下角"我的"图标，选择"浏览历史"（图13.7.5），这样就能看到我们之前浏览过的所有文章。

　　如果我们对某个话题很感兴趣，但是主页并没有推荐，这时候就可以利用搜索框来搜索自己喜欢的内容。点击搜索框，输入自己感兴趣的话题，出来的结果就是与此相关的了。

　　碰到有趣的作者，我们还可以选择关注，点击文章上方的"关注"图标就可以了（图13.7.6）。关注作者之后，以后这个作者发布的新内容，我们都可以在主页的"关注"一栏中看到。同时，只要我们多给自己喜欢的内容评论或者点赞，以后系统就会给我们推荐更多相似的内容。

图 13.7.5   图 13.7.6

8. 在线追剧，好用影视软件推荐

平时，我们出门等公交车，或者宅在家里无聊的时候想看影视剧，怎么利用智能手机来实现呢？下面，就给大家推荐几款好用的影视APP，分别是腾讯视频、优酷视频和爱奇艺视频。

目前，主流的在线综合视频平台就是以这三家为代表，那么，它们之间有什么区别呢？

从视频资源来看，三家视频平台的资源数量都比较相近，会员权益也差别不大，但是在视频内容方面则各有侧重。腾讯视频拥有更多的美剧资源，比如之前大火的《权力的游戏》《西部世界》等，腾讯都拥有国内独播的权益。而优酷视频则有着更多自制的内容，各种网剧一部接着一部，且都是优酷独播。相比于前两家，爱奇艺则在综艺方面更胜一筹。因此，我们可以根据自己的喜好来选择视频平台。

至于画质，三家平台都支持高清画质，对于手机屏幕来说，画质上的差别几乎可以忽略不计。

在使用方法上，三家平台都是大同小异的。以腾讯视频为例，从软件商店下载之后，选择"同意用户服务协议"，然后使用微信、QQ 或者手机号码登录都可以（图 13.8.1）。

在主页面的上方，有"电影""电视剧"等分类（图 13.8.2），点击进入之后，就可以看到当下热播的影视剧了。如果页面没有自己喜欢的，也可以点击右上角的双杠，然后选择自己喜欢的类别（图 13.8.3）。

图 13.8.1　　　　　　　　图 13.8.2　　　　　　　　图 13.8.3

如果已经有了想看的电视剧名称，点击主页面中的放大镜图标，在搜索框中输入电视剧的名字就可以了（图 13.8.4）。如果没有一次性看完本剧，点击视频下方的"心心"图标（图13.8.5），下次再打开时点击"我的"，再点击"我的收藏"就可以找到了（图13.8.6）。

图 13.8.4

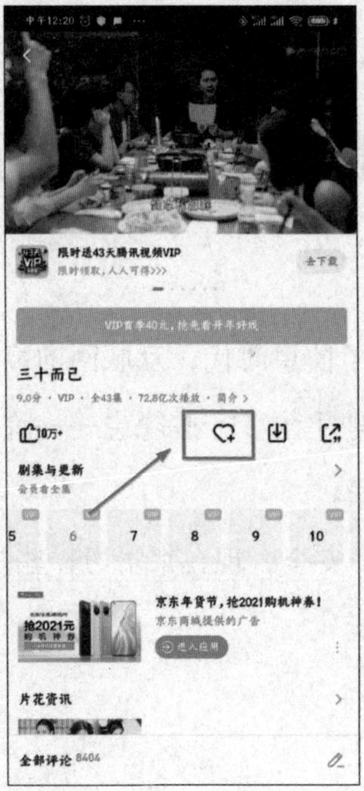

图 13.8.5

图 13.8.6

第十四步
注意信息安全，手机防骗指南

当今社会已经进入了信息时代，互联网的高速发展给我们的生活带来了许多便利，但同样催生出了一些隐患——许多心怀不轨的人，通过互联网的隐蔽性进行犯罪。

为了保证自己的财产安全，现在来学习一些防骗小技巧吧。

1. 安全软件要会用

虽然互联网为我们带来了很多便利，但也潜藏着危险——很多黑客利用手机漏洞来窃取我们的信息、盗窃我们的钱财，可谓防不胜防。

为了降低信息泄露的风险，我们首先要做的就是安装一款安全软件。虽然安全软件不能百分百杜绝黑客袭击，但能帮助我们挡住绝大多数风险。同时，利用安全软件还可以清理手机垃圾，为手机腾出更多的使用空间。

一般来说，手机出厂时都会自带一款安全软件，比如安全中心、手机管家等（图 14.1.1），没有必要再到软件商城里再下载一款类似的软件。因为要让第三方安全软件发挥作用，就必须 ROOT 手机，这对手机来说属于高危操作，相当于摧毁手机自带的防护系统，再用第三方软件来保护手机就没有什么实际意义了。

打开手机安全中心，点击"垃圾清理"（图 14.1.2），系统就自动为手机清理垃圾。清理完成后，手机的运行速度会更快，存储空间更多。如果平时发现手机出现卡顿现象，可以增加一下清理频率（图 14.1.3）。

图 14.1.1

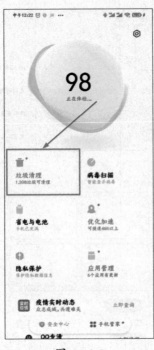

图 14.1.2

图 14.1.3

如果浏览了一些高危网站，或者进行了其他危险操作，怀疑手机感染了病毒，可以点击"病毒查杀"（图 14.1.4），这样系统就会自动扫描手机内的文件。如果检测出了木马病毒或者风险应用，扫描结束后会有相应提醒，这时候只要点击"查杀病毒"，就可以将这些病毒清除（图 14.1.5）。

通常来说，几天或者一周扫描一次都是可以的，如果实在放心不下，也可以每天操作一次。

图 14.1.4

图 14.1.5

2.陌生的链接不要点

你是否收到过这样的短信："××，这是我们上次聚会拍的照片，快打开看看吧！"后面跟着一串网址。很多人看到这是朋友发给自己的，又是彼此之间的照片，迫不及待地就想打开瞧瞧。

其实，这很可能是骗子的诡计。因为这条消息根本不是朋友发的，而是对方手机中了病毒或者账号被盗，群发出了这样一条消息。

曾有报道称，某地刘女士就收到过这种消息，当时她并没有多想，就好奇地打开了链接，结果网址跳转几次之后出现了一个云盘，里面还有一个名为"照片.apk"的文件，她一点击这个文件，手机就没有任何反应地退出了。过了没几分钟，她就收到亲戚朋友们的微信和电话，纷纷问她刚刚发送的消息是怎么回事。

原来，那个文件是一个病毒，只要点击到了，这个病毒就会入侵手机系统，盗取我们所有的通讯录信息，然后在我们不知情的情况下，把那个链接发送给我们每一个认识的亲戚朋友。

这样的病毒被植入手机之后，不法分子就有可能利用它盗取我们的信息，甚至能远程操控手机，让我们损失一些钱财，而这一切都在我们不知情的情况下进行。

还有不少诈骗短信发给你："您的银行卡消费出现异常，请按照此步骤操作……"其实，发来的银行链接都是虚拟的，以此达到诈骗钱财的目的。因此，当我们看到陌生的链接时千万不要随便打开。

3. 陌生红包不乱抢

自从微信红包火了之后，抢红包就成了大家最喜欢参加的活动之一，不仅支付宝紧随其后推出了支付宝红包，就连美团外卖、滴滴打车都推出了红包优惠活动。

我们每次点完外卖或者在网上商城买完东西之后，只要分享订单，不仅自己可以领红包，朋友也可以一起领。可以说，红包已经是目前网购环境最常见的一款产品了。但很多人不知道的是，其实网络红包也潜藏着巨大的隐患，一不小心不仅抢不到红包，还有可能被不法分子骗走钱财。

张某被拉进一个陌生的微信群，刚开始这个群都没什么人说话，没过多久，群主便开始在群内发红包。张某一看，天上掉馅饼了，这红包不抢白不抢。但奇怪的是，张某抢完红包之后金额迟迟没有到账，自己反而收到一条银行信息，自己的银行卡被扣了 700 元。

其实，群里的红包根本不是微信推出的，而是伪装成微信红包的木马程序。只要你不小心点击了，手机便会受到木马病毒的攻击，不法分子利用这些病毒盗取银行账号和密码，以实现异地转账。

因此，在这里提醒各位朋友，被朋友拉入陌生的微信群时，千万不要乱点里面的链接，尤其是红包链接。因为抢红包如今已经成为人们的习惯，犯罪分子特别喜欢将木马病毒伪装成红包的样子，诱惑我们上当受骗，到时候弄得我们人财两空。

4. 个人信息要保护

网络在为我们提供便利的同时，也带来了许多风险，个人信息泄露就是其中最普遍的一种。因个人信息泄露导致的诈骗案件，每年都数不胜数。因此，如何在网上享受便利生活的同时保护好个人信息，是每一位网民都应该学习的必修课。

首先，身份证号码、银行卡号、银行账户密码以及其他个人信息都应该妥善保管，不要随便将这些信息通过邮件、微信或者其他社交软件告知他人。涉及手机验证码等信息，更不能随意相信陌生人的话术，将其告知对方。

第二，加强手机的安全建设。手机相关的安全软件一定要安装，并且定期查杀木马病毒，同时设置好手机的开屏密码。对于重要文件进行备份或者加密，防止手机损坏需要维修时被窃取信息。

第三，定期清理系统垃圾。一方面能加快手机运行速度，另一方面也可以抹除自己在网上的浏览痕迹，防止他人通过我们的浏览痕迹窃取到重要信息。

第四，在网上交易的时候，输入银行卡账号和个人信息之前要确认网站是否安全，如果杀毒软件报警，应当立即中止交易。如果收到消息称包裹有问题，需要填写银行账号退款的，请立即联系网店客服确认真假。

第五，仔细核对银行的账单详情，确认没有可疑交易。

总之，碰到陌生的链接需要填写个人信息时，应该先确认对方的身份，如果无法确认的情况下请不要贸然操作，以免上当。

5. 上当之后要报警

如今，犯罪分子的骗术令人防不胜防，一不小心就有可能着了道。因此，及时向警方报案，想办法追回损失才是正道。哪怕只被犯罪分子骗了几十元、几百元，都应该勇敢地站出来，因为只有人人都行动起来，对犯罪分子不心慈手软，才能真正建立起和谐安全的网络环境。

在网上受骗之后应当立即报警，这点应该是没有什么疑问的，但是报警过程中有哪些需要注意的点呢？

首先，应当认真、如实地填写报警表，详细说明上当受骗的过程，如果能提供对方的转账账号、社交账号就更好了。我们提供的信息越多、越详细，就越有利于警方破案，有希望追回损失。

其次，在给警方提供信息的过程中，千万不要因为不好意思，或者其他个人原因而对案情细节有所隐瞒，更不能提供虚假信息。这样不仅干扰警方破案，拖慢案情的进展，情节严重的话还会给自己带来牢狱之灾。

第三，在报警之后，应该给警方留下自己的联系方式和个人信息，这样案情有所进展的时候，我们能够及时得到消息。